现代化新征程丛书

隆国强　总主编

CULTIVATING THE "TESTBED"
FOR TECHNOLOGICAL SYSTEM REFORM

A DECADE OF EXPLORATION AND INSIGHTS FROM THE JIANGSU INDUSTRIAL TECHNOLOGY RESEARCH INSTITUTE

深耕科技体制改革"试验田"

江苏省产业技术研究院十年改革探索与启示

国研智库课题组　著

中国发展出版社
CHINA DEVELOPMENT PRESS

图书在版编目（CIP）数据

深耕科技体制改革"试验田"：江苏省产业技术研
究院十年改革探索与启示 / 国研智库课题组著 . —北京：
中国发展出版社，2024.6. — ISBN 978-7-5177-1421-7

Ⅰ. G322.753

中国国家版本馆 CIP 数据核字第 2024J7N100 号

书　　　名：深耕科技体制改革"试验田"：江苏省产业技术研究院十年改革探索与启示
著作责任者：国研智库课题组
责 任 编 辑：雒仁生　王　沛
出 版 发 行：中国发展出版社
联 系 地 址：北京经济技术开发区荣华中路 22 号亦城财富中心 1 号楼 8 层（100176）
标 准 书 号：ISBN 978-7-5177-1421-7
经 　销　 者：各地新华书店
印 　刷　 者：北京博海升彩色印刷有限公司
开 　　　 本：710mm × 1000mm　1/16
印 　　　 张：12.25
字 　　　 数：152 千字
版 　　　 次：2024 年 6 月第 1 版
印 　　　 次：2024 年 6 月第 1 次印刷
定 　　　 价：68.00 元

联 系 电 话：（010）68990630　68360970
购 书 热 线：（010）68990682　68990686
网 络 订 购：http://zgfzcbs.tmall.com
网 购 电 话：（010）88333349　68990639
本 社 网 址：http://www.develpress.com
电 子 邮 件：370118561@qq.com

联合编制单位

国研智库

中国社会科学院工业经济研究所

中共浙江省委政策研究室

工业和信息化部电子第五研究所（服务型制造研究院）

清华大学技术创新研究中心

清华大学人工智能国际治理研究院

上海交通大学健康长三角研究院

上海交通大学健康传播发展中心

浙江省发展规划研究院

苏州大学北京研究院

江苏省产业技术研究院

中国大唐集团有限公司

广东省交通集团有限公司

行云集团

上海昌进生物科技有限公司

广东利通科技投资有限公司

《深耕科技体制改革"试验田"：江苏省产业技术研究院十年改革探索与启示》课题组

组　长

刘　庆　王忠宏

副组长

周健奇　沈　和　郭建路

成员（按照姓氏笔画排列）

王怀宇　王忠宏　刘　庆　李　虹　沈　和
张诗雨　周健奇　耿晋梅　徐　乾　郭建路
黄雅娜　盛彩娇　韩凤芹　魏广成

总　序

　　党的二十大报告提出，从现在起，中国共产党的中心任务就是团结带领全国各族人民全面建成社会主义现代化强国、实现第二个百年奋斗目标，以中国式现代化全面推进中华民族伟大复兴。当前，世界之变、时代之变、历史之变正以前所未有的方式展开，充满新机遇和新挑战，全球发展的不确定性不稳定性更加突出，全方位的国际竞争更加激烈。面对百年未有之大变局，我们坚持把发展作为党执政兴国的第一要务，把高质量发展作为全面建设社会主义现代化国家的首要任务，完整、准确、全面贯彻新发展理念，坚持社会主义市场经济改革方向，坚持高水平对外开放，加快构建以国内大循环为主体、国内国际双循环相互促进的新发展格局，不断以中国的新发展为世界提供新机遇。

　　习近平总书记指出，今天，我们比历史上任何时期都更接近、更有信心和能力实现中华民族伟大复兴的目标。中华民族已完成全面建成小康社会的千年夙愿，开创了中国式现代化新道路，为实现中华民族伟大复兴提供了坚实的物质基础。现代化新征程就是要实现国家富强、民族振兴、人民幸福的宏伟目标。在党的二十大号召下，全国人民坚定信心、同心同德，埋头苦干、奋勇前进，为全面建设社会主义现代化国家、全面推进中华民族伟大复兴而团结奋斗。

　　走好现代化新征程，要站在新的历史方位，推进实现中华民族伟大复兴。党的十八大以来，中国特色社会主义进入新时代，这是我国发展新的历史方位。从宏观层面来看，走好现代化新征程，需要站在新的历史方位，客观认识、准确把握当前党和人民事业所处的发展阶段，不断推动经济高质量发展。从中观层面来看，走好现代化新征程，需要站在新的历史方位，适应我国参与国际竞合比较优势的变化，通过深化供给侧结构性改革，对内解决好发展不平衡不充分问题，对外化解外部环境新矛盾新挑战，实现对全球要素资源的强大吸引力、在激烈国际竞争中的强大竞争力、在全球资源配置中的强大推动力，在科技高水平自立自强基础上塑造形成参与国际竞合新优势。从微观层面来看，走好现代化新征程，需要站在新的历史方位，坚持系统观念和辩证思维，坚持两点论和重点论相统一，以"把握主动权、下好先手棋"的思路，充分依托我国超大规模市场优势，培育和挖掘内需市场，推动产业结构优化和转型升级，提升产业链供应链韧性，增强国家的生存力、竞争力、发展力、持续力，确保中华民族伟大复兴进程不迟滞、不中断。

走好现代化新征程，要把各国现代化的经验和我国国情相结合。实现现代化是世界各国人民的共同追求。随着经济社会的发展，人们越来越清醒全面地认识到，现代化虽起源于西方，但各国的现代化道路不尽相同，世界上没有放之四海而皆准的现代化模式。因此，走好现代化新征程，要把各国现代化的共同特征和我国具体国情相结合。我们要坚持胸怀天下，拓展世界眼光，深刻洞察人类发展进步潮流，以海纳百川的宽阔胸襟借鉴吸收人类一切优秀文明成果。坚持从中国实际出发，不断推进和拓展中国式现代化。党的二十大报告系统阐述了中国式现代化的五大特征，即中国式现代化是人口规模巨大的现代化、是全体人民共同富裕的现代化、是物质文明和精神文明相协调的现代化、是人与自然和谐共生的现代化、是走和平发展道路的现代化。中国式现代化的五大特征，反映出我们的现代化新征程，是基于大国

经济，按照中国特色社会主义制度的本质要求，实现长期全面、绿色
可持续、和平共赢的现代化。此外，党的二十大报告提出了中国式现
代化的本质要求，即坚持中国共产党领导，坚持中国特色社会主义，
实现高质量发展，发展全过程人民民主，丰富人民精神世界，实现全
体人民共同富裕，促进人与自然和谐共生，推动构建人类命运共同体，
创造人类文明新形态。这既是我们走好现代化新征程的实践要求，也
为我们指明了走好现代化新征程的领导力量、实践路径和目标责任，
为我们准确把握中国式现代化核心要义，推动各方面工作沿着复兴目
标迈进提供了根本遵循。

　　走好现代化新征程，要完整、准确、全面贯彻新发展理念，着力
推动高质量发展，加快构建新发展格局。高质量发展是全面建设社会
主义现代化国家的首要任务。推动高质量发展必须完整、准确、全面
贯彻新发展理念，让创新成为第一动力、协调成为内生特点、绿色成
为普遍形态、开放成为必由之路、共享成为根本目的，努力实现高质
量发展。同时，还必须建立和完善促进高质量发展的一整套体制机制，
才能保障发展方式的根本性转变。如果不能及时建立一整套衡量高质
量发展的指标体系和政绩考核体系，就难以引导干部按照新发展理念
来推进工作。如果不能在创新、知识产权保护、行业准入等方面建立
战略性新兴产业需要的体制机制，新兴产业、未来产业等高质量发展
的新动能也难以顺利形成。

　　走好现代化新征程，必须全面深化改革、扩大高水平对外开放。
改革开放为我国经济社会发展注入了强劲动力，是决定当代中国命运
的关键一招。改革开放以来，我国经济社会发展水平不断提升，人民
群众的生活质量不断改善，经济发展深度融入全球化体系，创造了举
世瞩目的伟大成就。随着党的二十大开启了中国式现代化新征程，需

要不断深化重点领域改革，为现代化建设提供体制保障。2023年中央经济工作会议强调，必须坚持依靠改革开放增强发展内生动力，统筹推进深层次改革和高水平开放，不断解放和发展生产力、激发和增强社会活力。第一，要不断完善落实"两个毫不动摇"的体制机制，充分激发各类经营主体的内生动力和创新活力。公有制为主体、多种所有制经济共同发展是我国现代化建设的重要优势。推动高质量发展，需要深化改革，充分释放各类经营主体的创新活力。应对国际环境的复杂性、严峻性、不确定性，克服"卡脖子"问题，维护产业链供应链安全稳定，同样需要为各类经营主体的发展提供更加完善的市场环境和体制环境。第二，要加快全国统一大市场建设，提高资源配置效率。超大规模的国内市场，可以有效分摊企业研发、制造、服务的成本，形成规模经济，这是我国推动高质量发展的一个重要优势。第三，扩大高水平对外开放，形成开放与改革相互促进的新格局。对外开放本质上也是改革，以开放促改革、促发展，是我国发展不断取得新成就的重要法宝。对外开放是利用全球资源全球市场和在全球配置资源，是高质量发展的内在要求。

知之愈明，则行之愈笃。走在现代化新征程上，我们出版"现代化新征程丛书"，是为了让社会各界更好地把握当下发展机遇、面向未来，以奋斗姿态、实干业绩助力中国式现代化开创新篇章。具体来说，主要有三个方面的考虑。

一是学习贯彻落实好党的二十大精神，为推进中国式现代化凝聚共识。党的二十大报告阐述了开辟马克思主义中国化时代化新境界、中国式现代化的中国特色和本质要求等重大问题，擘画了全面建成社会主义现代化强国的宏伟蓝图和实践路径，就未来五年党和国家事业发展制定了大政方针、作出了全面部署，是中国共产党团结带领全国各族人民夺取新时代中国特色社会主义新胜利的政治宣言和行动纲领。此套丛书，以习近平新时代中国特色社会主义思想为指导，认真对标对表党的二十大报告，从报告原文中找指导、从会议精神中找动力，用行动践行学习宣传贯彻党的二十大精神。

二是交流高质量发展的成功实践，释放创新动能，引领新质生产力发展，为推进中国式现代化汇聚众智。来自20多家智库和机构的专家参与本套丛书的编写。丛书第二辑将以新质生产力为主线，立足中国式现代化的时代特征和发展要求，直面各个地区、各个部门面对的新情况、新问题，总结借鉴国际国内现代化建设的成功经验，为各类决策者提供咨询建议。丛书内容注重实用性、可操作性，努力打造成为地方政府和企业管理层看得懂、学得会、用得了的使用指南。

三是探索未来发展新领域新赛道，加快形成新质生产力，增强发展新动能。新时代新征程，面对百年未有之大变局，我们要深入理解和把握新质生产力的丰富内涵、基本特点、形成逻辑和深刻影响，把创新贯穿于现代化建设各方面全过程，不断开辟发展新领域新赛道，特别是以颠覆性技术和前沿技术催生的新产业、新模式、新动能，把握新一轮科技革命机遇、建设现代化产业体系，全面塑造发展新优势，为我国经济高质量发展提供持久动能。

"现代化新征程丛书"主要面向党政领导干部、企事业单位管理层、专业研究人员等读者群体，致力于为读者丰富知识素养、拓宽眼界格局，提升其决策能力、研究能力和实践能力。丛书编制过程中，重点坚持以下三个原则：一是坚持政治性，把坚持正确的政治方向摆在首位，坚持以党的二十大精神为行动指南，确保相关政策文件、编选编排、相关概念的准确性；二是坚持前沿性，丛书选题充分体现鲜明的时代特征，面向未来发展重点领域，内容充分展现现代化新征程的新机遇、新要求、新举措；三是坚持实用性，丛书编制注重理论与实践的结合，特别是用新的理论要求指导新的实践，内容突出针对性、示范性和可操作性。在上述理念与原则的指导下，"现代化新征程丛书"第一辑收获了良好的成效，入选中宣部"2023年主题出版重点出版物选题"，相关内容得到了政府、企业决策者和研究人员的极大关注，充分发挥了丛书服务决策咨询、破解现实难题、支撑高质量发展的智库作用。

"现代化新征程丛书"第二辑按照开放、创新、产业、模式"四位一体"架构进行设计，包含十多种图书。其中，"开放"主题有"'地瓜经济'提能升级""跨境电商"等；"创新"主题有"科技创新推动产业创新""前沿人工智能"等；"产业"主题有"建设现代化产业体系""储能经济""合成生物""绿动未来""建设海洋强国""产业融合""健康产业"等；"模式"主题有"未来制造"等。此外，丛书编委会根据前期调研，撰写了"高质量发展典型案例（二）"。

相知无远近，万里尚为邻。丛书第一辑的出版，已经为我们加强智库与智库、智库与传播界之间协作，促进智库研究机构与智库传播机构的高水平联动提供了很好的实践，也取得社会效益与经济效益的双丰收，为我们构建智库型出版产业体系和生态系统，实现"智库引领、出版引路、路径引导"迈出了坚实的一步。积力之所举，则无不胜也；众智之所为，则无不成也。我们希望再次与大家携手共进，通过丛书第二辑的出版，促进新质生产力发展、有效推动高质量发展，为全面建成社会主义现代化强国、实现第二个百年奋斗目标作出积极贡献！

隆国强

国务院发展研究中心副主任、党组成员

2024年3月

序言一

为全国改革发展探路，是中央对江苏的一贯要求，也是江苏自觉的使命担当。改革开放以来，靠"吃改革饭，走开放路"实现率先发展的江苏，始终在解决问题中探索前行。从真理标准大讨论、上塘村"大包干"，到"苏南模式"、昆山之路、苏州工业园区经验，江苏始终敢于改革突破，勇于发展创新；党的十八大以来，面对世界百年未有之大变局和中华民族伟大复兴的历史使命，江苏在实施创新驱动发展战略方面又一次站在时代最前沿。2013年12月，为落实党的十八届三中全会"全面深化改革"的要求，江苏省委、省政府组建了江苏省产业技术研究院，作为江苏科技体制改革的"试验田"，着力破除阻碍科技创新的制度藩篱，打通江苏从科技强到产业强的通道。2014年12月，习近平总书记考察江苏省产业技术研究院，对该院改革发展创新探索给予了充分肯定。十年来，江苏省产业技术研究院深刻把握科技创新规律和社会主义市场经济规律，在全国率先探索有效市场和有为政府相结合的科技治理模式，形成了符合国情世情和具有地方特色的"江苏模式"，对各地贯彻创新驱动发展战略也具有一定的示范意义。江苏省产业技术研究院被评为"江苏改革开放四十周年先进集体"，被中央财经委员会办公室列为践行习近平新时代中国特色社会主义经济思想的典型。江苏省产业技术研究院之所以展示了强大的生命力，究其根本是实现了科技创新治理方式和制度的历史性变革，形成了与新质生产力相适应的新型生产关系。纵观改革开放四十多年来的历史，不同经济形态均需要与之相适应的生产关系以促进生产力的发展。农业经济领域，小岗村"包产到户"改革了土地要素配置方式，激发了农民的积极性。工业经济领域，市场取向改革改变了生产要素配置方式，激发了企业家创造性。进入创新经济时代，习近平总书记以高瞻远瞩的战略眼光和深谋远虑的战略考量，审时度势提出发展新质生产力，根本任务是优化创新要素配置，充分发挥科技创新的本源作用，不断激发创新主体特别是科研人员参与创新、推动创新的积极性。

从调研中我感到，江苏省产业技术研究院的成功，主要有三方面原因。一是以习近平总书记考察江苏的重要指示精神为根本遵循。江苏省委、省政府以全新的思路组建江苏省产业技术研究院，跳出科研院所建设和管理的传统思路，打破单位级别、人员编制等约束，赋予科技体制改革"试验田"的地位，赋权改革自主权和探索权，在新型研发机构治理、原创引领性技术成果转化、产业关键技术攻关、人才引进评价培养、科研财政资金管理与使用等方面持续变革。二是江苏产业需求旺盛。江苏市场经济发达，民营企业创新活跃，企业家有意愿出资、出题委外研发。江苏地方政府对于产业发展的热情高，敢投入且有意愿投入。三是有一个以改革创新为己任的专业化核心团队。该团队敢于创新、勇于探索，始终坚持实事求是和为产业服务的决心，形成了专业性强、服务意识好、精神面貌优良的专业化管理队伍。

本书是对江苏省产业技术研究院改革发展十周年的系统总结，从国际资源集聚、新型研发机构治理、原创引领性技术创新项目产业化、产业关键核心技术攻关、人才引进评价与培养、长三角一体化发展等6个方面全面总结了其业务底层逻辑、改革举措和取得成效，是在操作层面打通"政产学研金服用"实施路径的典型。书中还引用了大量实操案例，翔实介绍了各类改革举措的底层逻辑和做法，无论是科技管理工作者，还是新型研发机构负责人，或是科学家团队，相信都能从书中有所收获。

下一个十年是我国基本实现社会主义现代化的关键时期，希望江苏省产业技术研究院以科技管理制度创新为根本，持续深化科技体制机制改革，营造有利于科技成果转化的良好生态；以国家战略和产业需求为目标，着力推动产学研用各类创新主体协同，积极组织关键核心技术攻关；以全球有影响力的产业科技创新中心为目标，着力于全球科技创新要素配置，积极培育发展新质生产力，在通过科技体制创新实现科技与经济更紧密融合上取得更大成绩。

是为序！

马建堂

十四届全国政协常委、经济委员会副主任

国务院发展研究中心原党组书记

序言二

　　江苏省产业技术研究院成立十周年了，要出一本书，刘庆院长邀请我写个序言，盛情难却。十年来，江苏省产业技术研究院从无到有，取得了非凡的业绩，成为科技改革的一面旗帜，着实让人振奋与骄傲。

　　我与江苏省产业技术研究院的故事始于 15 年前。2008 年，我到江苏省政府从事科技管理工作，如何通过体制机制创新将江苏丰富的科教资源转化为产业竞争优势，是一个战略性工作，也是省委、省政府交给我的一项重大任务。为此，我进行了长达 5 年的调研和谋划，在对全球产业技术发展体制机制全面剖析的基础上，研究提出了建设江苏省产业技术研究院的设想，在省委、省政府决策层和高校院所、企业落实层达成了共识。2013 年，江苏省产业技术研究院正式成立，定位为江苏科技体制改革"试验田"，被赋予先行先试权利，肩负起打通创新链、探索一条依托科教资源优势提升产业竞争力的责任。

　　江苏省产业技术研究院设立之初就形成了以下共识。一是要牢固树立"研发作为产业、技术作为商品"理念，推动科技供给侧结构性改革。我们分析，当时江苏的科技成果转化已经进入卖方市场阶段，不是成果转化不了，而是高水平成果供给严重不足，必须推动科技供给侧结构性改革，加大面向市场的科技研发力度，提供产业发展最为短缺的商品——高水平的成果。二是要聚焦科学到技术层面的薄弱环节，在市场失灵处发力。我们分析，江苏的企业创新能力有一定的基础，对于技术成果的转化能力较强，但对于前景不明的基础研究成果却不敢接手，而高校院所虽擅长做基础性研究工作，却没有兴趣也没有能力向技术层面推进，因此，从科学到技术层面最为薄弱——"高校不愿做、企业不敢做"，市场失灵，正是政府的着力点。三是要处理好政府与市场的关系，构建市场选择研发课题的决策机制。这是江苏省产业技术研究院改革的核心内容，我们坚定不移地抛弃了"业主申请、专家评审"的项目决策机制。在具体做法上，我们借鉴了德国弗劳恩霍夫研究所的做法，采用合同科研制，企业出钱出题目，政府补贴，江苏省产业技术研究院自己决策，充分调动了企业积极性，妥善处理好政府与市场的关系。四是要坚持解放思想，把科技人员的收益权落到实处。江苏省产业技术研究院设立之初就明确了一条红线、放开一项政策：研发投入的每一分钱都要用于科学研究，不得中饱私囊；研发取得的成果收益权全部由各研究所处理，团队占比不受限制。在后来的实际操作过程中，我们探索了"一所两制""团队轻资产控股""拨投结合"等模式。五是要站高一格，妥善处理好与高校院所、企业的关系。江苏省产业技术研究院从建立之初就明确定位为技术服务机构，坚持"不与高校院所争学术之名、不与企业争产品之利"，江苏省产业技术研究院科技人员收益来自技术的增值服务，界限清晰。江苏省产业技术研究院受到各方支持与其明确定位密切相关。六是要加大科技管理体制改革力度，不能形成政府新的负担。江苏省产业技术研究院秉承"既不养人也不养事"原则，严控编制内管理人员，坚持一般管理人员社会化招聘；江苏省产业技术研究院坚持"简政放权""减人先减事"，能让市场解决的事情坚决不管。

2014 年 12 月，习近平总书记亲临考察，听了我的汇报后，对江苏省产业技术研究院的发展方向予以充分肯定，并且作出了"科技同经济对接、创新成果同产业对接、创新项目同现实生产力对接、研发人员创新劳动同其利益收入对接"①的重要指示。

在习近平总书记重要讲话精神指引下，在江苏省委、省政府强有力的领导下，在各地各方的全力支持下，通过以刘庆院长为首的管理层艰辛努力，历经十年改革和探索，江苏省产业技术研究院聚焦科学到技术转化的关键环节，在这片"试验田"上，集聚了一批高水平产业领军人才，建设了一批为产业持续进行技术供给的研发平台，攻克了一批产业关键共性技术难题，培育了一批面向未来产业的创新型企业……江苏省产业技术研究院发展到今天，已探索出一条特色鲜明、创新显著、值得借鉴推广的改革创新途径，取得的成果远超预期。

江苏省产业技术研究院能够取得今天的成绩，离不开江苏省委、省政府一直以来的领导、支持与担当，让江苏省产业技术研究院能够坚持"试验田"的定位不动摇，放开手脚进行改革和探索；离不开江苏省产业技术研究院"不忘初心"的执着精神，能够始终坚持以需求为导向，切实从市场需求、产业发展需求、科技创新需求的痛点出发，进行符合市场规律的机制与模式创新；离不开江苏省产业技术研究院这支具有创新精神、勇于实践探索的专业化队伍。当年我赴重庆大学邀请刘庆同志来担任院长时，他的激情和信心深深地感染了我；我从北京回归江苏的今天，他仍然豪情满怀、永无止境，真正把国家目标、人生梦想与江苏省产业技术研究院的事业完全融为一体。展望下一个十年，我衷心希望江苏省产业技术研究院牢记总书记嘱托，继续深耕科技体制改革"试验田"，要在全国发展大局中找方向，围绕高质量发展这个首要任务，努力成为以科技创新引领现代化产业体系建设的大

---

① 《习近平在江苏调研时强调 主动把握和积极适应经济发展新常态 推动改革开放和现代化建设迈上新台阶》，新华社，2014年12月14日。

平台，以高水平的科技供给推动产业的高质量发展；要在江苏发展定位中再聚焦，围绕建设具有全球影响力的产业科技创新中心这个目标，加大主导产业关键核心技术研发力度，确保产业链自主可控、安全可靠；要在全球科技革命和产业变革的洪流中寻找新突破口，围绕未来产业培育这个新使命，在融通创新中显身手，推动重大基础研究成果的产业化；要在深化科技改革的实践中探新路、立新功，坚持底线思维，矢志改革不动摇，为推动科技供给侧结构性改革闯出一条新路，形成可复制、可推广的经验。

江苏省产业技术研究院，是责任、梦想、激情的交汇，值得期待！

徐南平

中国工程院院士，苏州国家实验室主任，教授、博士生导师

科学技术部原副部长

序言三

　　江苏省产业技术研究院建设发展走过了十年。这是不断改革探索的十年，特别围绕党的十八届三中全会"发挥市场在资源配置中的决定性作用"的精神，探索实践全面支持创新的体制机制，过程艰辛但是意义重大。这是不断坚守初心的十年，围绕产业技术创新的初心使命，坚定不移走市场化、国际化、专业化的发展道路。我清晰记得，2014年12月13日，习近平总书记顶着夜色考察江苏省产业技术研究院，听取工作汇报并与科研人员交流，给江苏省产业技术研究院的发展注入了强大动力。我们始终以习近平总书记"四个对接"的重要指示要求为根本遵循，探索有利于出创新成果、有利于创新成果产业化的新机制。2023年全国两会期间，作为全国人大代表，我有幸现场向习近平总书记汇报江苏省产业技术研究院建设和推动长三角一体化发展的进展。2024年全国两会期间，我现场聆听了习近平总书记关于因地制宜发展新质生产力的重要讲话。[①] 习近平总书记强调，生产关系必须与生产力发展要求相适应。要深化科技体制、教育体制、人才体制等改革，打通束缚新质生产力发展的堵点卡点。[②] 这为深化科技体制改革、以科技创新引领产业创新指明了战略方向。过去十年，我们重点

---

　　① 《习近平在参加江苏代表团审议时强调　因地制宜发展新质生产力》，《人民日报》，2024年3月6日第1版。

　　② 《习近平在中共中央政治局第十一次集体学习时强调　加快发展新质生产力　扎实推进高质量发展》，新华网，2024年2月1日。

就如何回答以下五方面问题进行了改革探索。

一是如何提供高水平技术供给。"科学到技术转化"这一关键环节，大学不宜做，中小企业做不了，而传统产业升级、新兴产业壮大，都需要高水平技术的持续供给。因此，必须推动科技供给侧结构性改革，按照以"研发作为产业、技术作为商品"为任务的理念，建立新型研发机构，推动研发产业的供给。从高校院所转移成果二次开发要付费，为市场提供技术供给要收费，这类研发机构必然需要市场化机制来驱动。通过构建"团队控股"的轻资产研发公司模式，让其在拥有研发机构运营权的同时，拥有"成果所有权、处置权及收益权"，建立研发人员创新劳动同其利益收入对接的成果转化收益分配机制，从根本上解决成果转化不畅和产学研合作机制不清的问题，团队积极性、机构开放性和财政资金使用效率显著提升。

二是如何支持培育未来产业。原创性、颠覆性技术创新项目由于回报周期长、投资风险高，往往市场融资失灵，这应是财政资金的着力点。这类项目应通过"小同行评议"、行业尽调等形式进行遴选和评判，而非传统的专家投票决定。项目所需资金以科技项目形式按里程碑拨付，在项目公司得到市场认可进行社会融资时，将前期的财政资金按市场价格转化为投资；若项目不达预期，则应宽容失败。这种"拨投结合"机制既解决市场融资失灵，让团队拥有主导权，还能让财政资金可增值、可循环，更高效地推进未来产业培育，实现创新项目同现实生产力对接。

三是如何真正支持企业创新。发展新质生产力需强化企业科技创新主体地位，往往理解为财政资金应更大力度地投向企业。但我认为，企业应该是"创新需求提出的主体、创新资金投入的主体、创新成果应用的主体"，而不应该是直接获得财政资金支持的主体。企业是否愿意出资委外研发是判断其技术需求真实性的重要标准，因此，产业攻关类项目指南必须以企业出资为基本条件，应根据企业是否愿意出资、出资额、技术难度等，经综合判断而形成。财政资金可根据技术重要程度和企业出资情况配套，真正雪中送炭地解决企业"真需求"。

四是如何为产业高质量发展培养人才。科技创新是发展新质生产力的核心要素，其根本在于人才的培养与转移。现在面临的尴尬局面是学生就业难、企业招人难，其原因一方面是学生实践能力不足，另一方面是我国工科高校教师的授课内容与产业实际脱节严重。因此，建议将具有一年以上企业工作经历作为工科高校教师任职的必备条件；同时，产教融合培养有理想、有创造力的青年人才，采取"项目制""双导师制"，从产业需求凝练培养课题，校企联合培养兼具理论知识和实践能力的卓越工程师队伍。大学生在完成高考目标后，容易失去理想和方向，要学习先进的"教学和实践相结合（co-op）"的教育模式，让大学生在持续实践中，重新树立理想、明确目标，提升工程素养，储备产业所需人才。

五是如何建立合适的管理体制。在江苏省产业技术研究院建设之初，采取什么样的管理体制，有效发挥中国特色社会主义制度下有为政府与有效市场的双重优势，是一个十分重要的命题。省委、省政府明确了不走回头路、干事不养人的办院思路，不按照传统科研院所模式建设和管理江苏省产业技术研究院，否则无法发挥"改革试验田"的效用。省委、省政府经过充分调研论证，结合江苏实际，明确实行理事会领导下的院长负责制，由省政府分管领导担任理事长，直接协调和解决改革发展中的重大问题，省政府出台专门文件为改革落地提供有力组织保障。优化体系架构，采用"事业法人承接财政投入、平台公司负责持股"模式运行，兼顾公益性定位和市场化机制，提高决策效率和灵活性。设立专项经费，实行综合预算加负面清单管理，年度结余可结转使用，财政经费使用更加符合科创规律，机构运行效率和创新效率大幅提升。

2024 年，江苏省人大正在全力推进《江苏省产业技术研究院发展促进条例》，通过立法固化经受实践检验且成效显著的改革举措，实现依法行政和科技体制改革决策相衔接，用法律保障江苏省产业技术研究院继续探索符合创新规律和市场规律、适合中国国情且可复制可推广的新型创新主体治理模式，为全国科技创新发展提供试点示范。

未来，江苏省产业技术研究院将贯彻落实长三角一体化发展战略，作为重要组成部分一体化建设运行长三角国家技术创新中心，持续深耕科技体制改革"试验田"，加强关键核心技术攻关，强化重点领域高水平科技供给；联合科技领军企业，加速国际资源集聚和产业出海，打造"引进来"与"走出去"双向通道；高水平构建集创新资源、研发机构和产业需求于一体的产业技术创新体系，推进科技创新与产业创新在长三角三省一市跨区域协同，加快创新要素跨区域流动，成为支撑长三角一体化高质量发展的创新引擎，为推动江苏成为新质生产力发展的重要阵地、加快科技强国建设贡献新的更大力量！

刘　庆

全国人大代表，长三角国家技术创新中心主任

江苏省产业技术研究院院长、上海长三角技术创新研究院院长

目　录

第一章

江苏省产业技术研究院推进科技体制机制改革的经验与启示

以科技创新推动高质量发展是中国式现代化的关键支撑，新型研发机构是助力我国创新驱动发展战略的新兴主体。江苏省产业技术研究院（以下简称"产研院"）自 2013 年 12 月成立以来，积极顺应新一轮科技革命和产业变革发展新趋势，主动应对全球产业链细化、复杂化和高级化的新特点，创造性扛起新型研发机构的核心使命，聚焦从科学到技术转化关键环节，以市场化、国际化和数字化为导向，着力改革科研管理体制机制，构建科技创新多元共治体系，组织关键核心技术研发攻关，整合科技创新资源，打造科技创新生态。产研院是有为政府和有效市场充分结合、推动科技创新驱动经济高质量发展的典型，历经十年持续深入探索，取得令人瞩目的成绩。

一是形成了大量前沿性颠覆性创新技术。产研院累计承担企业委托技术研发服务超过 2 万项、国家和省级重点研发任务 5000 项，成为江苏从制造大省向制造强省跨越举足轻重的引导力量。从创新成果水平看，全球高端技术 330 余项，其中颠覆性技术近 50 项，国内首创技术超 110 项，全球领先技术近 170 项。第三代半导体关键材料与生产设备、航空航天闭式整体构件整体制造、癌症靶向药、下一代动力电池材料等创新成果达到世界领先水平，多项技术获得国家科技进步奖。从技术服务领域看，新产业新业态新主体得到有力支撑。面向战略性新兴产业、未来产业和传统产业升级的成果占比分别为 65%、10% 和 25%。从技术服务区域看，江苏省内占比 45%，江苏省外占比 55%，其中向长三角转移占比 20%，为长三角一体化和全国高质量发展作出了积极贡献。

二是催生了大批智能化绿色化创新主体。产研院累计培育新型创新主体1350家，成为促进新质生产力发展生力军，基本形成第三代半导体产业链关键核心技术全球领先优势。智能化绿色化特征鲜明，与重点园区、重点产业和重点企业深度融合、协同攻关，服务重点企业超过2万家，为江苏省16个先进制造业集群和50条产业链智能化改造、数字化转型提供有力支撑，其中，建成高水平应用技术研发机构80家，拥有研发人员1.2万人，知名院士领衔高端专业研究所达到21个。建成面向战略性新兴产业和未来产业创新型公司88家，在许多关键领域成功开发并量产一批世界领先产品。衍生孵化创新型企业超过1400家，其中上市和拟上市企业16家，高新技术企业167家，专精特新"小巨人"企业18家，成为引领战略性新兴产业发展的时代标杆。

三是打造了众多国际化高端化创新平台。产研院累计建成各类创新平台260余个，形成依托优势载体、汇聚创新资源、组织技术攻关、解决企业需求的鲜明特色和优势。其中，公共技术服务平台超过160个，中试线/中试基地超过100个，拥有大型仪器设备超1200台（套），设备价值超60亿元，有效提升江苏新材料、能源环保、材料技术、装备制造、生物医药等5大领域技术创新能力。半导体封装所、膜科学技术研究所等获批建设国家级制造业创新中心。在美国硅谷、伦敦等全球创新活跃地区共建海外创新平台8个，与海内外190余家高校等机构建立了战略合作关系，广泛链接一批高水平国际研发平台联动创新。

四是激活了多元一体融通增值创新资本。产研院累计组织引导和带动各类创新资金投入超过600亿元，其中，省级财政专项投入53亿元，带动地方政府和园区投入超过200亿元，获得纵向科研项目经费超过 120 亿元，引导企业投入超过 150 亿元，发起设立 15 只科创基金，拉动社会资本首期投入 20 亿元，累计获得资本市场融资超过 50 亿元。省级财政投资拉动比达 1 : 11，有效破解创新种子期初创期投入不足难题，形成财政为引领、园区为支撑、企业为主体、社会基金为保障、"多元一体、融通增值"的创新金融生态，为吸引全球领军人才落户江苏和长三角，开展前沿技术创新和成果转化，提供了独特和高匹配度的创新资本服务。

产研院逐步成为全国乃至全球有一定影响力的新型研发机构领军者，有效探索出符合国情世情和具有地方特色的江苏模式，为加快推进我国科技治理能力现代化贡献了江苏经验，对各地贯彻落实创新驱动发展战略具有重要意义，其做法和取得的成效值得认真总结并推广借鉴。

一、江苏省产业技术研究院成立十年来的显著成效与重要影响

2014 年 12 月，习近平总书记在产研院成立一周年之际亲临实地考察并作出重要指示，强调要加快科技体制改革步伐，强化科技同经济对接、创新成果同产业对接、创新项目同现实生产力对接、研发人员创新劳动同其利益收入对接，形成有利于出创新成果、有利于创新成果产业化的新机制。[①] 产研院作为科技体制改革的"试验田"，坚定落实习近平总书记强调的"四个对接"，认真贯彻国家创新驱动发展战略，准确把握市场经济发展规律，立足地方产业特色和比较优势，在大力推进江苏省科技现代化、合作推动长三角科技创新高质量发展的

---

① 《习近平在江苏调研时强调 主动把握和积极适应经济发展新常态 推动改革开放和现代化建设迈上新台阶》，新华社，2014 年 12 月 14 日。

实践中取得了大量重要成果。

（一）国内一流水平应用技术研发机构的孵化器

新建一批"团队控股"运营公司模式的专业研究所。产研院已在制造装备、先进材料、生物医药、信息技术和能源环保等领域建有专业研究所 77 家（含省级技术创新中心 7 家），累计建设投入超过 200 亿元，各类研发人员 1.2 万人，年均向市场提供技术服务价值超过 20 亿元，年均申请专利超过 1000 件，累计衍生孵化了 1200 多家科技型企业，服务企业超过 2 万家。例如，比较医学研究所（集萃药康）成功登陆上海证券交易所科创板，是产研院体系内首家上市的专业研究所。另有 5 家研究所获得市场融资，其中转化医学研究所完成 B+ 轮融资，估值约 45 亿元。此外，以服务市场为导向的合同科研增长迅速，从 2014 年的 3.66 亿元增长至 2019 年的 8.04 亿元，到 2023 年已增长到超 20 亿元，近两年的年均获奖数量达 60 项。

吸引各类研发机构主动改制，提升研发创新能力。新模式推动了国有企业、民营企业和央企研究所的改制，建立混合所有制的科研载体，充分激发活力。比如，徐工集团、安泰公司、沙钢集团、永钢集团等主动与产研院合作，新模式不仅留住了人才，还吸引了海内外专家加盟，综合创新水平大幅提升。又如，数字制造装备与技术研究所由事业性质科研机构改制成团队控股 60% 的混合所有制公司，改制三年的年均合同科研到账收入增加到近 1 亿元，同比增长近 40%，衍生孵化企业超 20 家。

（二）企业重大技术难题攻克的组织者

建立企业技术真需求的"金标准"，成功组织全球"揭榜"。只有以企业出资意愿作为企业技术真需求的判断准绳，出真榜、揭真榜，才能将宝贵的财政经费精准投入企业真正的技术短板上。截至目前，累计征集技术需求 2000 余项，企业意向出资金额超 70 亿元，成功组织全球"揭榜"并达成合作 800 余项，合同金额超 20 亿元。其中，通过链接海外创新资源解决的企业需求 47 项，累计促成合同金额 1.7 亿元。比如，针对江苏万邦药业提出的高品质肝素钠制造技术难题，产研院精准对接美国北卡罗来纳大学的华人专家团队，达成 300 万美元的委托研发合作，研发的合成生物技术替代了传统动物提取法，目前项目已进入临床研究阶段。

共建大量企业联合创新中心，解决关键共性技术需求。产研院与细分产业领域龙头企业共建的联合创新中心，是推动协同创新的重要平台，专注于关键共性技术路线图制定，能够有效解决科研、产业"两张皮"问题。截至目前，累计建设企业联合创新中心 360 余家，帮助企业达成技术联合研发项目 800 余项，合同总额超 20 亿元。比如，在环保领域，组织江苏瑞复达高温新材料股份有限公司、江苏凯莱德环保科技有限公司等上下游共同出资开展"二次铝灰的原位处理和资源化产品开发"，委托产研院冶金技术研究所、常州大学实施联合攻关。又如，在高温合金领域，共建 JITRI①—隆达联合创新中心，对接产研院先进金属材料研究所，帮助企业解决其大规格细晶棒材生产工艺的关键技术难题。再如，在高分子材料领域，共建 JITRI—聚隆联合创新中心，与先进高分子材料技术研究所王琪院士带领的科研团队合作研发"高性能无卤阻燃工程塑料"，积极推动高分子材料实现安全无害化，已在新能源汽车领域进行批量化应用。

（三）引领性颠覆性技术创新的推动者

以"拨投结合"模式，组织实施一批填补国内空白的引领性颠覆

---

① Jiangsu Industrial Technology Research Institute，江苏省产业技术研究院。

性技术创新项目。"拨投结合"模式，在第三代半导体关键材料与生产设备、高性能网络芯片、癌症靶向药、基因治疗等方向培育了一批高成长性科技型公司。目前，产研院累计组织实施了88项产业重大技术创新项目，已有9个项目完成市场融资，其中氮化镓射频技术、碳化硅外延设备、先天脊髓性肌萎缩症基因治疗、柔性定制辊压技术等4个项目估值超过10亿元。产研院计划投入12.09亿元，带动地方投入支持13.32亿元，吸引社会资金投资11.98亿元；已融资项目中，产研院投入的1.39亿元升值至4.94亿元，地方政府和其他方的投入由2.59亿元升值至5.66亿。累计终止了8个项目，因按里程碑节点逐笔拨款，财政资金累计损失2700余万元，平均每个终止项目的财政资金损失为300多万元。

以项目经理制及团队服务模式，筛选孵化国际领先、国内一流的创新项目。截至目前，产研院累计聘请项目经理超400位，其中国内外院士41位，外籍高端人才占26%，并由项目经理集聚超过2000位高层次人才；引进一批高水平原创性技术项目落地，新建专业研究所49家，实施重大项目75项。比如，为提高江苏省微纳制造水平，聘请加拿大多伦多大学孙钰院士担任项目经理，筹建微纳自动化研究所，打造精密仪器、智能视觉等6个方向的微纳自动化技术研发平台，已为行业龙头企业提供技术支持。又如，由生物材料与医疗器械研究所顾忠泽教授牵头的"人体器官芯片"项目，是首个体系内研究所从头培育并达到国内领先的原创先进产业化重点项目，完成多种组织微器官构建、三维成像、器官芯片设计加工等多项核心技术积累和产品开发，具有领先的技术优势和技术壁垒，入选科技部支持的颠覆性技术。再如，引进上海交通大学邓子新院士，筹备合成生物学研究所，颠覆传统大健康产品的研发路径，抢占未来产业发展先机。

（四）产教融合培养人才的引领者

引进众多集萃（JITRI）研究员、青年研究员等高端人才。自 2017 年以来，产研院共聘请 221 人，其中 JITRI 研究员 106 人，JITRI 青年研究员 115 人，在电子信息、生物医药、装备制造、新材料等领域，启动了近 200 项高水准、市场前景好的技术研发项目。例如，2017 年半导体封装技术研究所引进 JITRI 研究员姚大平，开展基于三维堆叠扇出型晶圆级技术的新型存储器封装技术研发，孵化一家科技公司，已融资 2.5 亿元，建成第一条月产能达万片的生产线。

以"集萃研究生"为核心，培养一批面向未来的产业技术创新人才。为解决产业界对具有创新能力的工程技术人才的大量需求和高校人才培养"重理论轻实践、重知识轻能力"之间的矛盾，产研院在海外，与美国密歇根大学、加拿大多伦多大学、英国伯明翰大学等 18 所全球顶尖高校合作，以联合开展项目研究为主要方式，共同培养博士、博士后人才；在国内，产研院与东南大学、兰州大学、大连理工大学、四川大学、重庆大学、西交利物浦大学等 96 所大学累计联合培养学生近 6000 名。2021 年此模式被列为国家发展和改革委员会、科学技术部"十四五"全面创新改革举措，产研院被中共中央组织部、教育部等列入国家工程硕博士培养改革专项试点单位。

（五）全球创新资源网络的强磁场

广泛拓展海内外创新网络。目前，产研院已在全球创新活动相对活跃的硅谷、休斯敦、以色列等地区建立了 8 个海外创新平台，与海内外 190 余家高校和研发机构建立了战略合作关系。通过设立国际合作资金池、共同聘请专职工作人员、举办专业领域技术对接活动和共同培养"集萃研究生"、博士后等方式，整合全球科技创新资源，支持海内外高校院所的研究成果到江苏落地和转化。鼓励专业研究所及其衍生企业、企业联合创新中心共建企业、省研发型企业进行海外合作。截至目前，累计立项开展国际合作资金池、人才培养、项目经理引进等各类海外合作项目 210 项。例如，与英国焊接研究所（TWI）深度合作，启动建设首个海外研发中心；与哈佛大学深度合作，联合哈佛大学 7 个学院共同设立了"全球老年社会科技研究中心"。

深化与国际组织的交流合作。产研院与德国弗劳恩霍夫研究所共同推进世界工业技术研究组织协会（WAITRO）秘书处的工作，成功举办了 WAITRO 50 周年创新峰会及数十场国际交流会。2022 年 11 月，产研院被确定为 WAITRO 下一届秘书处，并争取到 2024 年的 WAITRO 全球创新峰会及会员大会的举办权。产研院通过 WAITRO 开展多边合作，拓展全球创新网络，架设江苏省与"一带一路"共建国家和地区的桥梁。产研院连续 4 年承办世界智能制造大会主题分论坛，围绕智能制造综合进展及示范应用、关键技术、产业应用和社会生态等 4 个板块策划 30 余场专业论坛；围绕智能制造领域的科技突破与产业应用，评选并发布智能制造国内国际"双十"案例，提升了产研院的国际影响力。

（六）科技创新金融生态的探路者

金融支撑经济高质量发展动力机制生成，引导设立早期科创基金，拓展科创企业直接融资渠道。鼓励和引导旗下有一定核心技术和衍生项目积累的专业研究所结合发展阶段和产业需求，与市场化专业私募基金合作成立针对细分领域的早期科创基金。截至目前，产研院已参与成立早期科创基金 15 只，基金总认缴规模 23 亿元，带动各类资金 20 亿元；累计在投项目 65 项，在投项目总市值约 400 亿元。例如，先进金属材料及应用技术研究所等部分研究所已形成"技术研发＋专业孵化＋专业基金"三位一体的运作方式。

对接银行科技金融板块，加强科创企业间接融资能力。产研院积极协助旗下直投或基金的被投资项目取得银行信用贷款，增加中小型科技创新企业资金流动性；与省内多家金融服务机构建立战略合作伙伴关系，为项目公司积极对接银行的金融授信服务；通过项目贷、科技贷、人才贷等创新的信用贷款方式为项目公司提供间接融资，为项目公司优化融资结构、提升融资能力提供有力支持。例如，银行为道路工程装备与技术研究所采取"小股权、大债券"的方式，通过占股1%分阶段提供了2亿元综合授信额度，支撑专业研究所通过回购地方国有研发设备等资产做大做强。

构建科技金融生态圈，服务新质生产力。产研院积极与省级、各地市级母基金，省属国资平台、A级以上券商、律所等建立战略合作伙伴关系，推动并构建科技金融生态圈。瞄准国家重大战略、重点产业和未来产业领域，围绕创新策源、创新企业培育和科技成果转化等功能，链接全球科创、产业和金融资源，探索长期耐心资本接力支持科技创新的新机制与新路径，打造"全周期"孵化投资体系。例如，产研院联合发起的一只规模1亿元人民币早期科创基金，通过与科技金融生态圈伙伴的合作，截至2021年上半年，该基金持有的投资组合公司股权价值增值两倍，内部收益率（IRR）达47%。同时，基金帮助5家所投企业落地南京江北新区并成功孵化1家"独角兽"企业、1家"瞪羚"企业。

（七）长三角科技创新一体化的推进器

长三角国创中心是践行习近平总书记重要讲话精神和长三角一体化发展战略的坚实抓手。习近平总书记高度重视长三角一体化发展战略，2023年11月30日在上海主持召开深入推进长三角一体化发展座谈会并发表重要讲话，强调要深入推进长三角一体化发展。[①]进

---

① 《取得新的重大突破 谱写新的发展篇章》，《人民日报》2023年12月1日第1版。

一步提升创新能力、产业竞争力、发展能级，率先形成更高层次改革开放新格局，对于我国构建新发展格局、推动高质量发展，以中国式现代化全面推进强国建设、民族复兴伟业，意义重大。长三角国创中心于 2021 年 6 月揭牌，以上海长三角技术创新研究院（以下简称"长三院"）为运营主体，联合江苏、浙江、安徽等地相关机构共同组建。为加快长三角国创中心建设，先期由长三院、产研院作为两地共建机构按照"一套机制、一个团队和一体化管理"的方式运营，两地联合组建了 220 余人的市场化、专业化、国际化的运营团队。

以"五个一体化"打破行政壁垒、提高政策协同水平，让科技创新要素在长三角区域内更加畅通流动。一是一体化培育高水平研发载体。新增建设智能传感、数字医疗等专业研究所 26 家，与长三角地区园区共建光电技术、沿海可再生能源等技术创新中心 5 家。二是一体化梳理重点产业链薄弱环节。累计建设企业联合创新中心 360 家，挖掘技术需求 1500 余项，企业拟投入金额超 62 亿元，达成技术研发项目超 500 项，合同金额超 11 亿元。针对纺织行业"复合功能纤维材料开发"市场需求大、单家企业完成难度高的共性难题，联合上海嘉麟杰纺织科技有限公司、上海德福伦新材料科技有限公司、江苏仲元实业集团有限公司和苏州宝丽迪材料科技股份有限公司等 4 家行业上下游企业"众筹科研"，由 4 家企业集资、长三角国创中心匹配支持，由江苏集萃先进纤维材料研究所有限公司成功揭榜承担攻关任务。三是一体化组织实施引领性、颠覆性科创项目。运用"拨投结合"模式一体化支持 74 个项目落地，计划投入 9 亿元，带动地方政府和市场各方计划投入 8.6 亿元，6 个项目完成转股，获得社会资本 3 亿元投资，1 个项目完成 C 轮融资及股份制改造。例如，与上海市宝山区以"拨投结合"模式实施激光晶体材料项目，具有高可靠性、微型化和抗微尘干扰等优势，对提升国内车载雷达、激光传感、工业加工等领域的竞争力具有重要战略意义。四是一体化集聚全球创新资源。分别与 28 家海外知名大学或机构、40 家国内高校院所建立战略合作关系，推荐海外项目 1000 项，新聘项目经理 195 名，累计促成国际研发合作（含人才培养）120 余项，其中海外资源帮助长三角企业解决技术需求 45 项。五是一体化推进科技体制机制改革。深耕科技体制改革"试验田"，在总结吸收三省一市改革经验的基础上，进一步完善和推广行之有效的机制。结合各地资源禀赋差异，在研发机构培育和治理、关键技术团队评价和项目实施、财政资金的高效使用和产业技术创新人才培养等方面持续探索。例如，结合上海"金融中心"的定位和科技创投活跃的特点，将基于财政投入的"拨投结合"机制升级为财政资金与资本、企业联投联动，引入设备资本助力科技创新动力机制生成。

二、江苏省产业技术研究院成立十年来的创新实践与有益启示

产研院十年来成绩斐然。及时总结产研院最有价值的实践，提炼取得成效的核心竞争力，挖掘对国家科技创新的借鉴价值，能够更好发挥示范效应。

（一）聚焦核心使命，以创新思维探索跨越"死亡之谷"世界性难题的路径

坚持靶向思维，聚焦跨越"死亡之谷"的重大使命。一是树牢家国情怀，担当国家创新使命，对接国家重大发展需求。纵观国内，凡是较为成功的新型研发机构背后都有一个有情怀有能力敢担当敢作为的领导者或领导团队。产研院自觉服务国家战略需求，发挥江苏省作

为经济大省、制造大省的优势，抓住制造业转型升级的契机，组织精干力量努力破解"卡脖子"技术、孵化转化国家科技创新急需的新质生产力。二是聚焦科技创新的关键环节，助力高水平科技自立自强。产研院聚焦科技创新链上"1 到 10"的环节，坚持企业是科技创新的主体，深刻领悟"市场在资源配置中起决定性作用，更好发挥政府作用"的内涵要义，组建高素质高水平国际化的运行团队，为项目经理等创业创新团队提供全方位服务和综合性评价服务，不仅能快速鉴别并找准孵化切入点，还能在全面跟踪孵化、提供个性化服务的过程中甄别隐患、前置把控风险。三是以服务科学家为核心，培育科技创新的动力源泉。产研院以"集萃人才、创梦未来"为理念，帮助科学家实现梦想，当好"科学家经纪人"，以创造科技创新的动力机制作为出发点和落脚点，释放科学家的创造力。

坚持系统思维，构建跨越"死亡之谷"的创新生态。一是探索构建风险共担、利益共享的科技创新共同体。以问题导向和实事求是为指导原则，吸引科技创新链条上的利益相关方，围绕创新驱动发展战略，以科研体制机制改革为主线，共同整合科研人才、研发平台、资金投入、知识产权和市场需求等关键要素配置，建立投入意愿和投资回报相匹配的机制，实现利益深度捆绑，最终激发人才的内驱力和各参与方的积极性。二是积极搭建创新各方共同参与的生态圈。一方面，充分发挥全球创新资源在江苏和长三角的桥梁作用。以多元化合作模式、公开透明的市场化机制为保障，促成国际创新资源本地化，初步具备以创新生态体系化成建制承接海外资源的能力。另一方面，充分发挥国内创新资源在江苏和长三角的桥梁作用。深化与高校院所、研发机构和产业界在人才联合培养、技术需求对接、创新平台共建、成果转移转化、联合研发项目等方面的战略合作关系。三是持续完善"四链"深度融合的全过程创新生态链。产研院在科技创新的技术生态、人才生态、金融生态、产业生态和空间生态等领域精耕细作，以构建产学研用紧密衔接的创新链、产业布局和空间布局合理的产业链、财政资金和社会资本各显神通的资金链，以及科研实践和专业理论兼备的人才链为"四轮驱动"，提升跨越"死亡之谷"的创新能力。

坚持前瞻思维，把握跨越"死亡之谷"的主动性。一是在创新技术和产业培育上具有预见性。产研院坚持做有效落地的战略研究，每个研究力求找准问题、梳理技术清单、理清技术路线。同时，在方向大致正确的前提下，大胆寻找最好的团队合作，匹配合适的领军人物，大胆探索可行的合作方式，全力以赴成就创业创新团队。二是对科技创新的发展趋势具有预见性。跨越"死亡之谷"的科技创新，需要集聚全人类最顶尖的创新人才，甚至是举全球之力共同攻克。产研院在全球创新资源网络、产业融合人才培养、科技创新金融试水等领域的布局，符合科技创新的客观规律和未来趋势。

（二）守正创新，先行先试，开辟有为政府和有效市场有机结合的新模式新道路

江苏省委、省政府解放思想、担当作为，完善产研院的顶层制度设计。一是创造充分授权、鼓励创新的制度环境。省委、省政府高度重视产研院建设工作，加强顶层设计和指导，组建了产研院理事会，先后印发一系列支持政策，从提供固定场所、拨付财政经费、改革科技资金管理使用办法、实行合同科研资金管理办法、设立省产业技术研发专项资金、实施市场化年薪制、建立容错机制、鼓励开展集成创新等科研管理机制的众多方面予以大力支持。这些"试验田"政策是富有吸引力、调动积极性的制度安排，助力产研院成为新型科研机构的政策高地。二是量身定制灵活而富有创造性的治理结构。省委、省

政府探索有为政府和有效市场相结合的科研治理模式，为产研院设计特殊的运行管理机制。产研院实行理事会领导下的院长负责制，是无行政级别、无事业编制、无事业经费的省属事业单位；建立市场化运行机制，设立专项资金，采用综合预算制。2016年9月，省政府结合发展需求批准设立江苏省产业技术研究院有限公司，作为市场化推进技术创新的投资平台。得益于独特的治理结构，产研院解决了传统科研事业单位灵活性不足的问题，也克服了市场化企业或基金支持创新模式风险承担能力不足的难题。

产研院深刻把握市场化导向的内在规律，创造性执行"试验田"政策。一是创造性执行既定政策，并推向新高度。如将国际交流提升为全球创新资源网络，将人才培养提升为产教融合联合人才培养；将财政资金投入转化为合同科研、"拨投结合"模式，将股权激励的安排转化为"团队控股"机制；将江苏省内的院地合作推进为长三角一体化的区域性科创空间生态。二是进行创新性实践和制度设计。产研院敢为天下先，为更好顺应市场化运行的要求，由原先的全额拨款事业单位转为无财政拨款的事业单位；为找准技术真需求，以企业出资意愿作为判断的"金标准"，出真榜，真揭榜；为了保障创业团队的企业主导权，创立"团队控股制"轻资产运行模式；为评估创新技术的市场价值，建立"小同行评议"机制；为提高孵化成功率、前置控制风险，建立了项目经理的全程跟踪服务机制；为提高财政资金使用效率，探索建立"综合预算管理制度"，以合同科研强化市场服务，实行"拨投结合"模式，并对"企业作为创新主体"进行创新性解读和实践。三是创造性整合政策工具，释放制度优势和潜能。例如，"拨投结合"模式和容错机制的组合成为"试验田"政策的灵魂，促进一批极具国家战略意义的创新技术项目落地；以项目经理制和团队控股混合所有制为支点撬动全球创新资源和国际顶尖人才，实施引领性颠覆性技术创新；院地合作、院所改制和团队控股制相结合，依托专业研究所、企业联合创新中心，大幅提升各地科技创新水平。

形成有为政府和有效市场正向反馈、良性循环的互动机制。江苏省委、省政府鼓励产研院在财政资金使用、科研管理体制、内部治理机制等领域进行探索和创新，产研院将实践中的有益做法、典型经验和新模式机制及时反馈给省委、省政府。省委、省政府吸纳后，作为常态化机制化政策在更大范围内推广。例如尽职免责和容错机制被纳为省委、省政府的改革政策；股权激励的试点经验被及时总结推广；设立支持产研院的专项资金；研究所明确为具有"独立法人性质"；"拨投结合"机制、企业联合创新中心、产教融合人才培养、院地合作等举措都在 2023 年的省政府有关政策中得以体现。产研院开辟了有为政府和有效市场良性互动的新模式新道路。

（三）集聚海内外科技创新人才，打造国际化开放型人尽其才的创新生态，体现人才是科技创新的第一资源

打造顶尖科学家、产业领军人才、研发骨干力量和产业基础人才构成的创新人才梯度。一是实施项目经理制。在全球范围遴选从事引领性技术产业化的国际一流领军人才担任项目经理，赋予组建研发团队、决定技术路线、支配使用经费的充分自主权，由项目经理牵头完成市场调研、整合创新资源，与地方园区共建研发机构，实施国内第一或填补国内空白、有广泛市场前景的技术创新项目。产研院为其组建服务团队，提供政策、法律、财务等专业服务，在服务过程中综合评价项目经理团队，邀请真正同行专业人士作为专家进行全面评价。在方案成熟后，通过公开路演形式推荐项目经理团队，协助团队和园区双向达成合作协议落地建设研究所或成立项目公司。二是实施品牌

人才计划。以专业研究所为平台，聘请拥有创新成果、掌握一流技术的高层次人才担任 JITRI 研究员和 JITRI 青年研究员，全职在专业研究所工作 3~5 年；研究所提供研发设备、配套人员、研发资金和合作企业，开展技术研发和成果转移转化。同时，为提高新建专业研究所市场化水平，聘请具有多年企业管理经验的人才担任 JITRI 管理类研究员，增强专业研究所管理运行能力。三是联合培养产业技术人才。以产业需求为导向，与国内外知名高校开展"集萃研究生联合培养计划"，以专业研究所和核心企业合作伙伴为平台，以研究所研究员和企业的高级工程师为合作导师，与国内大学联合培养面向未来、面向产业科技一线、兼具研发创新能力和解决实际问题能力的创新型人才。同时，吸引全球的硕士生或博士生，增进人才交流，扩大集萃的"校友圈"。

实施兼顾高水平创新研究与高效率技术开发转移人员聘用管理的"一所两制"。以高校院所研究人员为核心团队组建的专业研究所，同时拥有在高校运行机制下开展高水平创新研究的研究人员和独立法人实体聘用的专职从事二次开发和技术转移的研究人员，两类人员实行两种管理体制。"一所两制"的实施，特别是校外独立法人实体的建设，从体制机制上保障了研究所成果处置和收益分配的自主权，极大促进了高校研究人员创新成果向市场转化。

（四）改革科技创新的激励机制，充分激发科研人员的积极性，实现研发人员创新劳动同其利益收入对接

以"团队控股"混合所有制作为直接激励机制，充分激励科研人员的积极性创造性。采取"团队控股"运营公司模式建设一批从事产业技术研发与供给的专业研究所，由地方园区提供研发场所和设备，研发团队、地方园区和产研院共同出资组建团队控股的研究所运营公

司，地方和产研院提供研发流动资金用于开展技术研发和转化。该模式下，研发机构资产（场所、设备）的所有权归属国家，使用权归属运营公司；赋予人才团队技术路线决定权，研发成果的所有权、处置权和收益权归属团队控股的混合所有制运营公司，研发成果的增值收益按股份分配；把机构的发展与人的积极性紧密关联，盘活科技资源，增强创新动力。一方面研发成果所有权主要归属研发人员，激励到人；另一方面，研究机构建设发展与个人休戚相关，科研成果一旦转化，通常是授予专利许可、不带走成果和人员，有利于技术积累和团队成长。

专栏1.1　团队控股模式

产研院先进能源材料研究所由央企安泰科技股份有限公司（以下简称安泰公司）首席科学家、中国非晶和纳米晶带材工业化生产奠基人周少雄牵头创建，成为央企混改的典型。安泰公司研发中心骨干团队现金出资控股设立江苏集萃安泰创明先进能源材料研究院有限公司，核心团队与安泰公司解除劳动合同，18位博士组成的整编制研发团队全职加入，完整的新能源业务领域整体落户常州高新区；安泰公司同时提供百余台（套）专用研发及测试分析装备、60余项研发成果及知识产权，占股34%。

资料来源：江苏省产业技术研究院。

以"拨投结合"模式的长线投资优势作为长效激励机制，保障初创团队的独立性自主权。初创团队重视科技创新技术的孵化转化，也重视创业公司的长期所有权和经营自主权。引领性颠覆性项目的研发与产业化周期长（初创到上市 8~10 年），需要长时间的研发投入与战略定力。少部分项目在研发早期获得社会资本投资，但代价往往是资本方控股，团队失去了项目控制权，社会资本逐利的性质决定了其追求短期利润回报，影响了项目可持续发展。"拨投结合"机制，在项目落地时使团队拥有 90% 的股权，多轮融资后，团队仍对项目具有控制权，保障了发展方向不偏离。同时，要求团队现金出资金额须达到总支持经费的 10%，既以团队出资判断团队对项目的信心，也实现科研人员与科创技术项目发展之间的深度利益绑定，激励团队全力完成项目研发与产业化。

以"股权激励"等多种权益分配作为补充激励机制，持续强化科研人员的向心力凝聚力。鼓励研究所以股权、出资或期权等方式，让科技人员和管理人员更多分享技术创新升值的收益，有效地调动团队积极性。例如，先进激光技术研究所以 300 万元从中国科学院上海光学精密机械研究所买断原始技术所有权，进行二次开发后形成了多普勒测风激光雷达技术，并进行小批量产品试制，经国内风电龙头企业投资和评估后，估价达 8000 万元，团队享有 70% 的权益。同时，激励中也存在合理约束。以股权为纽带，鼓励科研人员现金持股，既保持足够的正面激励，也带来失败面临的时间成本、现金损失等反向约束。激励与约束协同发力，科研人员"不用扬鞭自奋蹄"，产生最强劲、最持久的内在动力。

（五）改革科技创新的组织范式，着力解决创新要素的最优化配置，实现创新项目同现实生产力对接

以"拨投结合"模式为依托，创新财政资金使用方式，实施引领性颠覆性技术创新。引领性颠覆性技术创新项目具有市场不成熟、投资体量大、投资风险高、回报周期长等特点，孵化中面临创新团队技

术难以评价和遴选、早期项目融资市场失灵、承担创新风险的尽职免责机制缺失等三大难题。一方面，"拨投结合"模式以"成就技术团队实现产业化"为根本，改进财政资金的传统分配方式，以提高支持的针对性、合理控制支持力度、建立科学的评价机制为抓手，体现财政资金"热心肠"，提高财政资金使用效率。项目遴选与评价中"技术先进""产业前景"和"团队科学"兼顾，组织实施中"支持创新"和"宽容失败"相辅相成。另一方面，在对技术先进性、产业前景、市场空间、团队建设、知识产权等进行"小同行全面评价"的基础上，首先通过科技项目立项给予资金支持，发挥专项资金"四两拨千斤"的"点金"作用，让团队专心开展研发攻关，解决市场融资失灵问题。其次，在达到市场认可的技术里程碑时进行市场融资，并将前期项目资金按市场价格转化为投资，参照市场化方式进行管理和退出。最后，对于科技探索性强、创新风险性高的业务活动，若项目团队已经履行注意和勤勉义务，但仍不能达到预期目标的，给予宽容。再一方面，以"拨投结合、先拨后投、适度收益、适时退出"的模式，既能充分发挥财政资金对技术创新项目和团队的引导和扶持作用，又能充分利用市场机制来确定项目支持强度和获得研发成果收益。

专栏1.2 "拨投结合"模式

产研院充分发挥科技创新的容错机制且兼顾高风险高回报的市场机制，引进来自美国 Qorvo（威讯联合半导体有限公司）、Philips（飞利浦）等业内顶级的半导体企业掌握核心技术的团队，成立了苏州汉骅半导体有限公司，开展第三代半导体关键材料——氮化镓的研发及制备，成功开发了 4 英寸、

6英寸、8英寸碳化硅基氮化镓射频外延片并实现产业化，产品性能指标超过同批对标的日本住友外延片，处于世界领先水平，在中国、韩国市场占有率遥遥领先竞争对手。目前，公司完成1.88亿元B轮融资，投后估值21.88亿元。

资料来源：江苏省产业技术研究院。

以"企业真需求的金标准"和"出真榜、真揭榜"为依托，以"上下结合"的组织方式，攻克关键核心技术。首先，产研院实践表明，真正地以企业为创新主体，应体现为企业是创新需求提出的主体，是创新资金投入的主体，是实施创新成果转化和应用的主体。以企业出资意愿作为技术需求真实性的"金标准"，以出资金额作为技术重要性的关键指标，准确获取企业真需求，组织"揭榜挂帅"。其次，"揭榜挂帅"关键在"榜"，榜由谁出、榜由谁定是组织攻关的关键。产研院坚持以痛点技术、堵点技术作为"揭榜挂帅"的榜单，而不以优势技术、长项技术作为榜单。在"小同行"专家评审基础上，由出资企业最终确定中标研究机构，并主导研发项目的评估和验收，研发成果直接应用于出资企业。最后，以"上下结合"的组织方式，解决企业个性技术需求。针对企业愿意出资，且广泛对接后仍找不到技术解决方案的关键技术需求，通过"自下而上"和"自上而下"的方式形成项目指南，进行联合攻关，根据央企、大型国企、龙头民企等愿意出资研发的技术需求，项目具体情况和企业出资额度提供一定比例的配套资金。项目研发成果由提供资金的企业独家或优先享有，相关知识产权由企业和研发机构事先合同约定。

针对复宏汉霖公司提出的"抗体药物国产化制造关键技术"需求，产研院通过"揭榜挂帅"平台高效组织产学研联合攻关，成功组织华东理工大学实施抗体制备技术科研攻关，对接江苏百林科生产企业进行生产设备及工艺研制，加速成果在复宏汉霖产业化。

产研院以中冶赛迪公司提出的"废钢处理前切割加工技术难题"需求为牵引，针对行业痛点组织对接全球创新资源寻找技术解决方案，链接悉尼科技大学机器人研究院、集萃机器人研究所实施国际产学研联合研发。

资料来源：江苏省产业技术研究院。

探索"概念验证＋拨投结合＋基金支持"的全链条资金支持机制，助力引领性技术产业化。针对原创性引领性颠覆性技术的财政支持政策尚不健全的问题，在项目上游，启动设立概念验证专项资金，面向未来先导产业方向，支持国内外高校具有产业化前景的技术创新项目实施原理验证、原型制造、性能验证等，成熟后列为"拨投结合"项目予以支持。在项目中游，由"拨投结合"专项资金予以支持，承担早期研发风险，促进技术跨越成果转化的"死亡之谷"，直至完成研发里程碑能够进行首轮社会化融资。在项目下游，利用江苏科技创新天使投资基金接棒投资"拨投结合"项目。三项举措叠加形成引领性技术产业化全链条资金支持机制。

（六）改革科技创新的价值导向，服务高质量发展战略，实现科技同经济对接、创新成果同产业对接

坚守公共属性，发挥新型研发机构的大平台价值，凸显撬动创新

的强支点作用。制度设计上，产研院是由政府主导、市场化运行，实行新型法人治理结构的新型研发机构，组织从科学到技术的孵化、转化、产业化的产业科技创新平台，既能坚守公共属性，又能完美结合市场化运行的灵活性，还能规避科研院所改制后的过度市场化问题。角色定位上，产研院一头连着科学研究，一头连着市场开发，不与高校争学术之名，不与企业争产品之利，不与研发机构争专利之功，搭起政府、科研机构与企业、产业园区的"连心桥"。通过征集提炼等举措把企业真需求"引出来"，通过链接全球创新资源网络培育组建研发团队，把研发资源"落下去"。实现创新资源与企业需求由偶发式匹配向体系化黏合转变。功能作用上，不以自身盈利为目的，专注于完善技术研发、专业孵化、投资基金等综合功能，专注于整合产业研究机构、重点实验室、技术研究中心等研发力量，以提高财政资金使用效率为抓手，在具体实践中，产研院通过"出小钱"撬动地方政府"出大钱"共建研究所，两者投入之比可达到 1∶11。

坚守服务属性，释放产业集群的创新效应，为产业转型升级和区域经济发展提供技术支撑。第一，孵化培育新质生产力，服务国家战略需求。以"项目经理制"引进掌握国际领先、国内一流创新技术的顶尖人才和创业团队；以"拨投结合"机制实施引领性颠覆性技术创新，实施一批填补国内空白的前沿项目，破解"卡脖子"技术。围绕先进材料、能源环保、信息技术、装备制造、生物医药和 VR（虚拟现实）、AI（人工智能）等重点产业领域，引进高端人才和创新团队，厚植战略性新兴产业和未来产业的根基。第二，组织关键共性技术攻关，服务产业转型升级。通过与细分产品龙头企业共建企业联合创新中心，制定产业技术路线图，对接全球创新资源解决技术难题。通过新建专业研究所、改制加盟研究所等战略研究力量，布局重点技术方向和引进关键技术。依托长三角先进材料研究院、江苏集萃集成电路应用技术创新中心等重大集成创新平台，将产业转型升级推向纵深。第三，优化创新要素的空间布局，服务区域经济发展。按照"研发作为产业、技术作为商品"的理念，依托长三角国创中心，深化院地合作，打造具有"共性技术与平台支撑、资源集聚与融合创新、战略策划与集成攻关"三大功能的创新载体，促进长三角区域内的创新分工。在昆山、徐州、镇江、宿迁、扬州等地，共同设立科技攻关引导资金，支持本地企业对外开展产学研合作。在南京、苏州、南通、泰州、昆山等地，与地方园区合作建设创新要素高度集聚和深度融合的创新综合体，实现协同创新。

专栏1.4　服务区域经济发展

2022年8月，产研院与泰州市政府合作建立泰州市产业技术研究院，按照一体化方式建设运行。泰州市5年出资10亿元，泰兴和姜堰区分别出资2亿元作为重大项目落地资金池，引进产研院"拨投结合"项目落地。泰州市产业技术研究院成立以来，先后新建4家、培育1家、改制加盟2家专业研究所，落地6个重大项目，与泰州的29家细分行业龙头企业共建了企业联合创新中心。

资料来源：江苏省产业技术研究院。

三、借鉴江苏省产业技术研究院经验推动我国新型研发机构更好发展的政策建议

以产研院为代表的新型研发机构，在探索实践中着力解决创新要

素资源高效配置的根本问题，构建一套适应有为政府和有效市场相结合的科技创新制度体系，取得了成效，证明了价值。同时，仍需从巩固、深化、扩展等 3 个层面，加大政策法规、制度设计的供给力度，坚持双向发力、同向而行，更好助力高水平科技自立自强。

（一）建立财政专项资金长期稳定支持机制，充分赋予经费使用自主权、管理权

财政经费在新型研发机构的运营前期，在保障机构日常运行、支持整合创新要素、开展创新技术研发等方面发挥了重要作用。一是建立稳定的经费支持机制，完善经费来源渠道。产研院长期聚焦于科学到技术转化的关键环节，主要精力投入引领性颠覆性创新技术和关键核心技术的孵化、产业化，这些领域不确定性极高，需要较长周期才能实现价值回报。因此，给予一定额度的长期财政经费支持较为必要。同时，要构建经费来源的多元化渠道，包括政府财政拨款、企业合同科研收入和竞争性科研项目收入等要相对均衡。德国弗劳恩霍夫协会、英国弹射中心等国际类似机构的三类经费大致相当，各占 1/3。二是建立"自我造血"能力与财政经费支持之间的平衡机制。充分发挥市场在资源配置中的决定性作用，强化产研院的市场化竞争能力，尽快实现"自我造血"功能。财政经费在稳定支持的基础上，结合"自我造血"能力的强弱，渐进式施行财政退坡支持机制。三是改变财政资金传统支持模式。站在拥抱新一轮科技革命的高度，充分放权，鼓励试错、容错、纠错，理性看待创新的不确定性。更好发挥财政支持科技创新的效能，提升承担科创风险的能力，推动更多原创技术产业化。同时，发挥好科技金融生态作用，实现两者相得益彰。鼓励科技创新与资本市场相结合，形成较完整的科技金融体系，包括创业投资、股权基金、小额贷款、科技担保、筹建科技银行等。瞄准国家重大战略、

重点产业和未来产业领域，探索长期耐心资本接力支持科技创新的新机制新路径。

（二）因地制宜适度加大"拨投结合"专项资金的支持力度，复制推广改革经验，更好发挥培育战略性新兴产业的作用

引领性颠覆性创新项目和战略性新兴产业等新质生产力的培育既需要资本有长线投资的耐心，也需要有承担较大风险的意愿或偏好。一是增加"拨投结合"中"拨"的财政专项资金的总量。目前"拨投结合"财政专项资金的总量偏少，要紧跟新一轮科技革命和产业变革趋势，加强战略研判和前瞻布局，需要放大"拨投结合"机制优势，导入重大科技成果转移转化，培育战略性新兴产业集群。因此，"拨投结合"专项资金规模应当增加，以更好践行创新驱动发展战略。二是优化"拨投结合"专项资金的管理模式。改变传统的财政专项资金管理制度和思维模式，以专项资金总的投资回报效益作为考核指标，而不局限于单笔投资的成败，同时结合技术外溢性、社会效应等指标综合考量，并提高对"投"的市场化转化、容错机制中"沉没成本"的审计包容程度。三是提升"拨投结合"专项资金的市场竞争力。"拨投结合"专项资金和社会资本存在竞合关系，社会资本能在较短时间调动大量资金，在投资决策上更果敢激进，承担高风险的意愿更强，但社会资本过度市场化、追求短期效益的倾向也不容忽视。因此，有必要改善专项资金对风险偏好的接受程度，优化决策流程、提高效率、缩短论证时间，以对冲制衡社会资本的风险隐患。

（三）建立健全产研院管理团队的激励机制，提升内生和长远发展能力

管理团队是新型研发机构稳定运行的根本保障，目前科研体制机制改革对技术人才激励关注较多，对管理人才激励关注不够。产研院

管理团队领取市场化薪酬，与市场同行相比，薪酬仍有不小差距。一是切实施行具有竞争力的薪酬制度。探索试行股权、期权、成果转化利益分红和市场化业务奖励等多元激励手段。结合市场行情，建立动态调整机制。二是建立"专业团队跟投机制"。即专业团队在服务"项目经理"、新建研究所或研究所改制的过程中，基于自身的专业判断，在自愿前提下，可以跟投创业团队或创业项目。一方面，实现专业团队和创业项目的利益捆绑，能够更好地服务创业团队、更好尽职调查。另一方面，激发专业团队的积极性，给予相应回报，提高团队的稳定性。三是建立"新型科研机构跟投机制"。以产研院或长三角国创中心的自有资金跟投科创项目，所得回报一部分用于自身运营，提升"造血能力"；另一部分用于激励专业团队，改善团队待遇。

（四）加快地方立法进程，给予法律上的地位保障

针对新型研发机构的专项立法，在国内外都已有先例。经过十年的实践探索，产研院已基本具备立法的条件。以法规形式固化产研院的各项治理机制，能为产研院长久稳定发展提供法治驱动力。一是确立科技体制改革"试验田"的地位，固化产研院探索的科技创新全新路径与模式。通过立法确立路径与模式，保障江苏在全国率先探索符合创新规律、适合中国国情、可复制可推广的新型科研院所治理模式，为全国现代科研院所治理提供"江苏样板"，为科技现代化提供"江苏经验"。二是建立改革创新尽职免责机制，为深化改革托底护航。通过立法建立鼓励创新、宽容失败的尽职免责机制，赋予更大改革自主权，鼓励其在更大范围、更高水平、更深层次推进科技体制改革，在推进科技创新治理体系和治理能力现代化上先行先试，推进创新创业创投创富有机统一，形成有利于出创新成果、有利于创新成果产业化的新机制，加快实现科技现代化。三是固化行之有效的科技创新举措。

包括企业关键技术协同攻关、产业引领性技术创新项目产业化、产教融合联合培养人才、应用技术研发机构市场化建设、项目经理制引进评价人才，以及国际合作、院地合作等。支持产研院复制推广经过实践检验有效的改革举措，以更大规模、更高效率加速科技成果产业化。四是为管理运行机制提供法律依据。以法律形式明确决策机制、组织架构和运行方式，以制度规范化、运营规范化、责任规范化来保障和进一步发挥产研院作为改革"试验田"的积极性。允许产研院加快产业技术研发和成果产业化，向市场要效益，实现可持续发展。明确实行全员聘用制和建立具有市场竞争力的薪酬机制和绩效奖励机制，探索科技成果收益分配激励机制。

（五）加大对长三角国创中心的支持力度，推进长三角科技创新一体化的深度融合

长三角一体化高质量发展是国家战略，仍面临行政壁垒、本位主义困扰，一体化深度还有很大提升空间。长三角国创中心是长三角一体化的践行者，也是贯彻落实党中央精神的新举措。一是建立中央统筹、区域主导协同创新工作机制。深入学习贯彻习近平总书记在深入推进长三角一体化发展座谈会上的重要讲话精神，建立国家相关部委牵头、三省一市深度参与的"1+4"工作协调机制，着力破除体制机制壁垒，推进省部共建长三角国创中心理事会，积极推进安徽、浙江加入长三角国创中心，形成以上海为龙头，苏浙皖各扬所长、合理分工的工作新局面。二是设立国家引导、区域为主的资源支持机制。结合长三角区域产业门类齐全、科教资源富集的特点，国家有关部委设立引导性的"产业关键核心技术攻关"专项资金，由长三角国创中心负责运营，提升跨省市协调能力，推动三省一市共同出资，加速区域创新链与产业链深度融合，推动长三角区域创新共同体建设，并据此开

展区域科技协同的"先行先试"，形成可复制经验，向全国推广。三是完善治理机制，探索成立长三角国创中心管理运营公司。完善上海长三角技术创新研究院和产研院的治理机制，探索成立沪苏浙皖以及团队共同持股的长三角国创中心管理运营公司，发挥机构专业化、国际化、市场化和平台化优势，对资源配置、财政使用实行市场化运行管理，将三省一市与长三角国创中心的关系由"投入资源、加强监管"转变为"提出需求、购买服务"，以全球视野、国家格局、全产业链维度更好地服务国家战略需求、产业共性需求和区域经济发展，真正实现长三角一体化创新协同。

（六）国家层面加强新型研发机构的顶层设计和统筹协调，探索打造国家级的新型研发机构

新型研发机构在我国创新体系中的地位不明确，缺乏全国统一的监测管理平台，容易产生无序发展的苗头。一是总结提炼产研院的生动实践和鲜活经验，可向全国复制推广适宜的经验做法。产研院在十年实践中，探索出符合科技创新内在规律和社会主义市场经济规律，助力产业升级转型、地方经济发展，培育新质生产力、服务国家重大战略需求的特色模式，解决了内部治理不规范、高层次人才不足、成果转化率低等一系列问题。产研院模式的推广有助于各地新型研发机构的互学互鉴、共同进步。二是多途径突破行政管理限制，深度释放机构创新活力。探索建立国家层面的新型研发机构专门管理机构，主要负责对试点新型研发机构开展指导、支持及相关协调工作。建议将产研院和长三角国创中心列为首批试点机构，赋权加担子、激励先行先试，首要加大在长三角的推广力度，必要时支持试点机构突破现有国资管理、人事管理、财政管理等相关限制。三是探索建立国家战略重点领域的新型科研机构发展基金。面向未来产业、战略性新兴产业

等新质生产力的关键核心技术、原创性颠覆性技术的孵化产业化，以新型科研机构为实施主体，在国家层面设立发展基金，引导地方政府、社会组织、研发机构、龙头企业等共建资金池，在资源配置上、体制机制上以"一事一议"方式给予充分支持。

第二章

江苏省产业技术研究院 推进科技体制机制 改革的创新举措

产研院始终秉持"研发作为产业、技术作为商品"的创新理念，坚持以服务产业技术创新真需求为重要使命，紧紧围绕产业链部署创新链，完善人才链、资金链和价值链，着力破除制约科技创新的思想障碍和制度藩篱，在构建产业技术研发机构治理体系、研发载体建设、人才引进培养和激励、财政资金高效使用等方面探索了一系列改革举措，推动科技管理机制创新与技术创新深度融合，构建集研发载体、产业需求和创新资源于一体，产学研用深度融合的产业技术创新体系，打通科技成果向现实生产力转化的通道。

一是坚持团队控股，着力推动研发主体勇立创新潮头。产研院与地方园区、人才团队共同组建研究所，各方共同现金出资组建研发团队控股的运营公司。赋予研发团队技术路线决定权。研发成果所有权、收益权和处置权归属团队控股的混合所有制运营公司，增值收益按股分配，极大释放创新团队的创新激情。首先，在全球聘请科技创新领军人才担任技术创新项目经理，建设专业研究所。在先进材料、能源环保、信息技术、装备制造、生物医药等五大领域建成80家专业研究所，聘请400余位项目经理，其中26%为外籍人才，46位国内外院士。累计集聚全球高端人才2000多位，推动一大批原创性技术项目落地见效。其次，强化科研人员的向心力、凝聚力。以"团队控股"模式赋予科研团队更多权益，让国有研究团队留得住人才，让民营研究团队吸引到人才，让各类科研人才"不用扬鞭自奋蹄"。

二是实行"拨投结合"，着力发挥财政投入雪中送炭效应。产研院创新财政资金"拨投结合"方式，对初创期重大原创性技术项目先期给予支持，研发成果获得市场融资后，按市场价格转变为股权投资，促进财政技术投入资金循环利用，产生更大效益。首先，坚持以创新需求确定"拨"的金额，以市场价格确定"投"的股比。仅两年多时间，实现关键技术突破和国产化替代，技术水平国际领先，公司估值超过20亿元。碳化硅外延设备、高分辨光电子能谱仪国产化、靶向蛋白降解技术平台搭建与新药开发等一批引领性项目以"拨投结合"方式落地实施，助推一批战略性新兴产业和未来产业领先发展。其次，发挥财政资金和市场机制优势，进行项目投资。近年来，投资重点技术创新项目88个，有9个已完成转股，其中2个项目估值超30亿元，2个项目超10亿元。产研院和地方政府对这批项目共同投入近4亿元财政资金，快速升值到10.6亿元，资金升值超过1.5倍，吸引了毅达资本、深创投集团、高瓴创投等投资11.98亿元。财政科技投入形成更能升值、更可循环和更多共享的新优势。最后，放宽条件，保护探索性强、风险性高的创新项目，如创新团队履行义务难以达到预期，给予宽容处理，减轻了创新团队的心理压力，得到普遍称赞。2023年，"拨投结合"创新机制，被国家发展改革委、科技部在全国推广，赢得上海等省市积极好评。

三是锚定真需求，着力突破产业升级关键核心技术。产研院紧扣国家创新重大需求和地方企业技术创新急需，推动创新资源与企业需求有机链接。先后与江苏360余家细分领域龙头企业建立联合创新中心，累计征集企业重大技术需求2000余项，企业意向出资金额超70亿元，组织全球揭榜并达成合作800余项，引导龙头企业投入超20亿元。组织企业与专业研究所、高校科研院所对接，联合开展跨区域、跨领域技术攻关。引导昆山、宿迁、镇江、扬州、泰州、淮安、徐州和南京江北新区等地方参与共建科技攻关资金。十年来，产研院出资7000万元，撬动地市出资约2亿元，共同设立企业科技攻关引导资金，有效解决了地方重点企业技术创新资金难题。

四是深化科教融合，着力打造国际一流高端人才团队。产研院面向全球打造高端创新团队，着力构建以战略科学家为引领，科技顶尖人才为骨干，卓越工程师、大国工匠、高技能人才为支撑，精英荟萃、人尽其才、国际一流的产业技术创新人才生态。累计集聚全球高端人才3000多位，推动一大批原创性技术项目落地见效。通过项目经理、"拨投结合"、综合评价与专业指导等方式，累计培育技术创新领袖82位。与高校院所联合培养产教融合人才近6000名。2021年，"新型研发机构科教融合培养产业创新人才"创新举措，被国家发展改革委、科技部列入"十四五"全面创新改革任务清单。

五是积极开拓，搭建国际创新资源与江苏的桥梁。产研院以满足江苏及长三角地区产业技术创新发展需求为基本目标，通过建设海外平台、参与国际组织、聘请战略顾问等途径，汇聚国际先进技术、高端人才、创新项目、创新资金等创新资源落地江苏。已与85家海外高校机构建立战略合作关系，建设了8个海外创新平台，与23家外资龙头企业共建全球创新伙伴关系，引进海外人才团队新建专业研究所28家，形成专职研发队伍2000余人，衍生孵化企业200余家，对接海外项目超1000项。

一、团队控股：应用技术研发机构市场化转型的创新探索

2016年，习近平总书记在全国科技创新大会、两院院士大会、中国科协第九次全国代表大会上指出，深化改革创新，形成充满活力的

科技管理和运行机制。①这一论述为深入实施创新驱动发展战略、推动研发机构健康有序发展、提升国家创新体系整体效能提供了根本遵循。

随着市场化经济体制的逐步完善，事业单位组织形式的传统研发机构逐渐暴露其管理体制僵化、缺乏有效激励、创新能力不足等弊病，难以满足经济发展和社会进步对科技创新的需求。为解决科技与经济"两张皮"的现象，我国科研院所开始了市场调控下企业化转制的尝试和探索。尽管国有企业组织形式的研发机构在一定程度上调动了科研人员的活力与积极性，但受短期利益的驱使，片面追求产值、专利数量、利润等短期指标也成为企业型研发机构发展的桎梏。因此，跨越科技成果无法走向市场、无法转化为生产力、无法实现产业化的"死亡之谷"这一世界性难题，依旧未能找到答案。

近年来，产研院作为政府筹建的深化科技体制改革"试验田"，专攻应用技术研发，致力于破解"死亡之谷"难题，走出了一条不同于以往科研院所的第三条道路，既充分调动了科研团队的积极性，又保障了研发机构的公共属性，构建了集创新资源、产业需求和研发载体于一体，以企业为主体、市场为导向，产学研用深度融合的产业技术创新体系和生态，激发应用技术研发团队的创新活力，解决"动力"的问题。

（一）产研院构建市场化应用技术研发机构的新成绩

近年来，产研院推动应用技术研发机构市场化转型在招引团队、调动积极性、提升服务市场能力等方面取得了显著的成效。

---

① 《全国科技创新大会　两院院士大会　中国科协第九次全国代表大会在京召开》，新华社，2016年5月30日。

1. 招引了一批国际一流的应用技术研发团队

产研院在全球范围遴选聘请具有创新资源整合能力和重大科技项目组织经验的一流领军人才担任项目经理领导科研团队，培育成立专业研究所。成立至今，产研院已在先进材料、能源环保、信息技术、装备制造、生物医药等五大领域布局建设了 80 家专业研究所，累计聘请 400 余位项目经理并由项目经理集聚 2000 多位高层次人才，拥有各类研发人员约 12000 人，共同筹建研究所或组织实施产业重大技术创新项目，引进了一批原创性技术项目落地。项目经理中，约有 26% 为外籍人才，43 位为国内外院士。

2. 激发了应用技术研发团队的积极性

2016 年至今，产研院按照"团队控股"模式先后组建或改制 60 家专业研究所，占产研院研究所总数的 75%，实现专业研究所资产所有权和使用权分离。"团队控股"的专业研究所建设运营模式让科研团队既拥有研究所的运营权，还拥有研究所成果的所有权、转让权和收益权，解决了事业单位经营业务受限、知识产权权属不清和单位发展内生动力不足等问题，充分激发了应用技术研发团队的积极性。

3. 提升了服务企业与市场的能力

产研院以打造市场化的应用技术研发机构为目标，突出专业研究所对服务国家重大战略需求、突破"卡脖子"关键技术的导向。成立以来，产研院合同科研实际到账金额快速增长，从 2014 年的 3.66 亿元增长至 2023 年的约 20 亿元，近两年年均获奖数量达 60 项，累计协助企业挖掘超 2000 项技术需求，企业意向出资金额超 70 亿元，帮助企业达成 800 余项合作，合同总额超 20 亿元。例如，协助 JITRI—奥赛康联合创新中心，成功对接美国 Propella 公司，合作开发"局部疼痛新药 ASKC200 技术"，项目总预算 5000 万元。协助 JITRI—精测半导体联合创新中心，对接极限精测与系统控制研究所，双方投入 1000 多万元共同实施纳米级高精度气浮平台（UPSS）的设计开发、制造与量产，力争解决半导体测试装备"卡脖子"技术问题，首台试验机主要性能指标已达到国际一线品牌水平。

（二）构建市场化应用技术研发机构：产研院的创新探索

2014 年 12 月，习近平总书记考察产研院，提出了强化"研发人员创新劳动同其利益收入对接"①的指示要求，产研院按照"多方共建、多元投入、混合所有、团队为主"的"团队控股"模式，建设专业研究所，充分调动了科研团队的积极性。

1. 采用轻资产运行模式

为解决初创团队资金短缺的问题，产研院采取了由地方园区提供研发场所、产研院与地方政府共同成立的公共技术服务平台购买设备并拥有所有权，科研团队、地方园区和产研院（以下简称"三方"）共同现金出资组建"团队控股"的轻资产运营公司，公司注册资本原则上不低于 1000 万元，研发收入归运营公司所有，增值收益按股权分配。另外，为解决科研团队的资金压力问题，三方共建协议约定 5 年建设期内地方政府、园区支持项目研发经费 7500 万元（每年 1500 万元）和机构运营经费 2500 万元（每年 500 万元）。江苏产研院分别支持 1000 万元项目研发经费和 1000 万元的运营经费。由地方政府搭建的公共技术服务平台与研究团队的专业研究所公司相分离，有效规避了国有资产流失的风险。

2."团队控股"激发团队积极性

为推动应用技术的研发和应用，专业研究所采取公司化的实体运

---

① 《习近平在江苏调研时强调　主动把握和积极适应经济发展新常态　推动改革开放和现代化建设迈上新台阶》，新华社，2014 年 12 月 14 日。

营模式，实施"无编制"的人才引进制度，采用"团队控股"模式建设运营专业研究所，科研团队持股比例为51%~65%，重点解决了团队在科技成果转化中的主导权问题。模式具体如下，地方园区提供研发场所和设备、产研院和地方园区提供研发资金，团队、地方园区和产研院共同现金出资组建轻资产的研究所运营公司，通过三方协议把研究所的运营权和成果的所有权、处置权、收益权归运营公司，研发资金增值收益按股权分配。比较医学研究所是南京大学医学院教授高翔团队与产研院和南京生物医药谷共同合作的研究载体，于2018年9月按照产研院的"多方共建、多元投入、混合所有、团队为主"研究所建设模式建立。2022年4月25日，比较医学研究所于科创板上市，成为产研院体系首家上市的专业研发载体。

3. 建立服务企业与市场的考核评价机制

产研院还注重构建引导专业研究所定向服务企业与市场的机制，增强专业研究所从事技术研发的市场化导向。建立以向企业提供技术的考核评价机制。对于专业研究所的经费支持，不按传统的人员编制和项目方式支持经费，而是实施"合同科研"的绩效考评，重点考核研究所向企业市场化提供技术的绩效，包括技术转移、技术投资和技术服务等，来决定支持财政经费的额度，专业研究所技术研发的市场导向明显增强。具体而言，为更好突出市场化绩效考核导向，产研院在绩效测算方法上重点以企业横向经费为重点，测算中强化市场导向，横向经费与纵向经费设置不同权重，其中，横向经费权重为1，省级以上纵向经费权重为0.5，市级纵向经费权重为0.2。另外，鼓励专业研究所服务国家重大战略需求。为加强专业研究所重大标志性成果培育，在绩效评价中设立科技奖项指标，对国家级、省部级科技奖项也设置不同考核权重，鼓励通过核心技术争取科技进步奖项，突出专业研究所对服务国家重大战略需求、突破"卡脖子"关键技术的导向。

（三）存在的问题与对策建议

当前，我国应用技术研发机构在经费支持、机制建设、发展导向、制度保障方面还存在诸多有待解决的问题。产研院对这些问题作出了卓有成效的探索，但仍存在难点痛点，亟待政策保障。

第一，研发经费支持缺乏持续性。一方面，科研经费的支持缺乏连贯性。目前，科研经费普遍以命题的方式开展，高校、科研院所只能以科研项目定研究方向和内容，而非以研究方向和内容定科研项目。因此，我国科研支持体制存在"东一榔头、西一棒槌"的问题，导致科研人员难以做持久而深入的专业性科研工作。另外，囿于经济形势，地方政府给予新型研发机构的政策资金大打折扣，大大影响了新型研发机构的发展。受限于资金瓶颈，新型研发机构只能缩减规模，聚焦攻关少数几项关键技术。因此，应加强应用技术研发经费的连贯性。提升政府配套资金的连贯性，保障应用技术研发机构拥有足够的经费支撑专攻某一领域或技术，让研发团队能够不因经费而发愁、专注于应用技术研发工作。

第二，主管部门存在"重牌照而轻建设"的问题。目前，多部委建立的应用技术研发机构只注重颁发牌照，不重视运行机制建设，例如工业和信息化部批复的国家制造业创新中心、科技部批复的国家技术创新中心、国家发展改革委批复的国家产业创新中心等，仅仅是通过典型示范的方式鼓励创新，并未将重点聚焦到研发机构的体制机制上来。因此，应加强对重点研发机构开展内部运行机制建设。借鉴产研院的市场化转型典型经验，推动工作重点从颁发牌照转变到研究所内部管理运行机制的建设上来，建立"先建后奖"的考核机制，推动应用技术研发机构奖补政策发挥实效。

第三，应用技术研发机构仍存在短期发展导向的问题。尽管新型研发机构相较于改制为企业的科研院所具有较大的优势，更能够突出长期价值的导向，但也存在着诸多短期考核指标的要求。具体而言，不少应用技术研发机构与地方政府的共建协议中，对纵横向经费收入、衍生孵化企业、人才团队建设、知识产权数量、产值、税收等短期指标具有较强的约束。然而，应用技术研发机构实际运行过程中会更多地考虑应用技术研发的长期价值。因此，应用技术研发机构难以完成所有短期考核指标的要求，特别是产值与税收指标，进而造成地方政府支持建设经费出现打折扣、缓拨付甚至不拨付现象。因此，应注重培育应用技术研发机构的长期化发展导向，建立长期化目标任务考核动态调整机制，鼓励其自主探索和选择发展路径，促进考核指标更符合应用技术研发机构的功能定位和发展实际，让研究所从短期考核指标的"桎梏"中走出来，更好地服务国家重大战略需求，解决重点"卡脖子"难题。

第四，新型研发机构改革缺乏法律保障。近年来，在中央及地方政府的大力支持和引导下，新型研发机构大量诞生，一些新型研发机构取得了不错的成绩，但相关上位法律规范并未出台，在已有的管理框架下无对应的法定机构分类，已然制约了新型研发机构的长远发展。因此，应加强顶层设计和立法保障。尽快制定高位阶、高普适性的法律法规，对新型研发机构的宗旨、职能和权限进行规定，明确新型研发机构的性质、权利义务关系，赋予新型研发机构合理的法律地位。此外，还应对新型研发机构的创新做法提供制度保障，尽可能助其规避法律风险。

二、"拨投结合"的天使投资新模式：有为政府和有效市场强效结合

产研院创新"拨投结合"的天使投资新模式，助推创新主体跨越创新"死亡之谷"、解决战略性新兴技术早期市场化融资难这个突出痛点，是响应习近平总书记号召，培育战略性新兴产业、形成新质生产力的重要举措。

战略性新兴技术产业化阶段早期技术市场化前景不清晰、不确定性强、风险大，一般的市场主体不敢轻易进行这个阶段的投资。美国通过其丰富的天使投资来解决这个突出痛点，是其能够形成强大创新能力和新兴产业培育能力的重要基础。

为解决这个痛点，我国多年来大力推动创业投资（以下简称创投）的发展，在市场化创投（PVC）蓬勃发展的同时，各级政府财政资金形成的政府类创业投资（GVC，实施主体包括各级政府有关部门、国家或地方园区）也不断增加。根据科技部有关数据，2021 年 GVC 规模在各类创业投资总规模中占比近 50%，其中省市级 GVC 占比超过40%。创投对我国新兴技术产业化早期阶段融资发挥了积极作用。但由于市场环境有待完善等多种原因，PVC 总体上存在更青睐技术中后期的明显倾向，GVC 多采用与 PVC 合投或者跟投的方式，也更多投向中后期，加上财政资金的监管考核机制带来的容错率低，解决技术早期市场化融资痛点的作用没有充分发挥。

（一）"拨投结合"的含义与成效

"拨投结合"是在通过项目经理培育和充分尽职调查的基础上，首先通过科技项目，产研院从江苏省政府提供的专项资金中给予经费支

持，让团队专心开展研发攻关，在项目进展到市场认可的技术里程碑阶段进行市场融资时，将前期的项目资金按市场价格转化为投资，参照市场化方式进行管理和退出。对于科技探索性强、创新风险性高的业务活动，项目团队若已经履行注意和勤勉义务，但仍不能达到预期目标，给予宽容[①]。

"拨投结合"切实支持了创新技术产业化早期，项目成功率不低于更多投向中后期的其他 GVC。产研院"拨投结合"全部投在初创期或种子期，GVC 投在初创期或种子期的比例只有约 50%。从项目存续比例和项目终止比例来看，产研院与 GVC 总体情况相比差异并不明显。获 GVC 支持的创投机构项目存续比例为 82.0%，除存续、上市和被收购外，其他未达到预期的情况比例为 12.4%[②]。产研院存续比例（含已转股）达 80.3%；项目终止比例约为 13.1%。考虑到产研院是 100% 投入风险更高的初创期，远超其他 GVC，这种情况下失败率能和 GVC 平均值保持一致，已经是很明显的成效。

"拨投结合"已助推一批战略性新兴产业和未来产业初具规模效应。牵头实施了氮化镓射频外延片技术、碳化硅外延 CVD 设备技术、柔性辊压成型、肿瘤靶向药物治疗技术、高分辨光电子能谱仪国产化、靶向蛋白降解技术平台搭建与新药开发等一批重大项目，一批战略性新兴产业和未来产业初具规模效应。其中，高分辨光电子能谱仪全面完成国产化研发，实现自主可控；"碘工质电推进"项目助力长征系列火箭完成"一箭 22 星"和"一箭 6 星"等任务，节约 90% 燃料成本，成为国内唯一掌握该技术的企业；柔性辊压成型技术项目成长为国际领先的轻质、高精、高性能型材产品的供给者，为比亚迪、宁德时代

---

① 《江苏省产业技术研究院拨投结合工作情况汇报》，2023 年 4 月 14 日。
② 刘冬梅、解鑫、贾敬敦：《中国创业投资发展报告 2022》，科学技术文献出版社 2022 年版。

等头部企业提供行业领先的电池盒技术及产品。

"拨投结合"提升了财政资金使用质效。与 GVC 平均值相比，投资于"死亡之谷"的种子期和初创期的金额比例是 2 倍、资金使用效率约合 2 倍和创业团队更加同频共振。目前在第三代半导体设备及材料、基因治疗等方向累计投资 88 项，已有 9 个项目完成融资，其中 1 个项目完成 C 轮融资及股份制改造，4 个项目估值超过 10 亿元，产研院的 1.39 亿元财政投入账面升值至 4.94 亿元；地方政府投入 2.59 亿元账面升值至 5.66 亿元。

上述成效，缘于产研院创新"拨投结合"的天使投资方式，坚持了国家战略导向，克服了 GVC 财政资金容错率低的弱点，同时摒弃了 PVC 只追求利益的特征，通过"有为政府"与"有效市场"的强效结合，有力支撑创新主体、科学确定占股比例、提高财政资金质效，切实推动了技术早期市场化融资痛点的解决。

（二）"拨投结合"的做法

1. 坚持国家战略导向，优化项目甄选方式，只投初创期创新项目

根据科技部数据，2021 年 GVC 支持的投资多在半导体、医药保健、其他行业、其他制造业、软件产业、生物科技等领域[①]。产研院投资领域主要包括信息技术、材料、制造与装备、生物与医药、能源环保等领域，都是符合国家导向的关键性、战略性产业。产研院规划符合国家导向的投资方向。战略规划部的职责之一是产业战略研究，和 5 个事业部一起，每年成立产业战略研究项目，请外部团队、研究所、龙头企业梳理现有产业薄弱环节和未来产业方向，细化到可以攻关的技术清单或重点产品清单，国内部和海外部一起去寻找，事业部负责

---

① 刘冬梅、解鑫、贾敬敦：《中国创业投资发展报告 2022》，科学技术文献出版社 2022 年版。

培育孵化。

产研院聚焦解决早期项目的融资痛点。科技部有关数据显示，2021 年 GVC 投资初创期（含种子期）、成长期、成熟期项目数量比例分别达 45.6%、40.4%、13.9%[①]，而产研院投资初创期（含种子期）项目比例达 100%。产研院和 GVC 总体情况相比，更多利用财政资金作为天使投资资金支持"死亡之谷"类项目，承担早期研发风险，补足融资市场失灵环节。

在项目甄选方面，产研院项目创新"小同行"项目甄选方式，筛选方式更加科学精准。在项目筛选时，其他 GVC 选择评审专家大多采用在专家池中随机抽取的模式，没有选择真正的"小同行"进行评议，评审专家可能对项目理解程度低，对产业具有前瞻引领作用的技术项目存在误判的风险，而真正技术难度大、具有前瞻性的亟待解决的短板弱项技术很难得到经费支持。产研院提出"小同行"专家邀请方式，在评估前请创业团队提出"小同行"名单，对接真正懂行的专家评委，减少项目评选错选、漏选情况。

2. 有为政府与有效市场的强效结合

"拨投结合"模式提高了财政资金容错率。GVC 和公共财政考核评价体系一致[②]，且比一般财政资金更加强调公开、透明和民主[③]。这种严格资金监管体系很显然会限制 GVC 发挥天使投资的核心作用，不愿意投向高风险、高失败率的种子期和初创期。"拨投结合"方式中"拨"

---

① 刘冬梅、解鑫、贾敬敦：《中国创业投资发展报告 2022》，科学技术文献出版社 2022 年版。此处初创期（含种子期）为原数据种子期与起步期加总；成长期为原成长（扩张）期；成熟期为原成熟（过渡）期、重建期加总。由于四舍五入，加总不为 100%。

② 《国务院办公厅转发发展改革委等部门关于创业投资引导基金规范设立与运作指导意见的通知》，2008 年 10 月 18 日。

③ 叶青、唐云锋、李建军等：《政府创投引导基金：投入与监管》，《财政监督》2015 年第 22 期，第 26–32 页。

以科研项目资金形式进入，如果项目失败就以科研项目结题，不存在项目失败情况。这在一定程度上化解了天使创业投资高风险、高失败率特质带来的考核评价风险，与一般监管模式相比财政资金容错率更高。

"拨"这部分资金比一般 GVC 创业辅导模式中资金资助"辅导金"更有质效。"辅导金"分别用于对评定的"辅导企业"给予股权融资前与股权融资后两阶段高新技术研发的费用支出和高新技术产品产业化的费用支出[①]。若辅导成功，"辅导企业"无须返还补助资金；若辅导期结束后辅导失败[②]，"辅导企业"需返还股权融资前资助资金。在"拨投结合"模式中，产研院先"拨"，即通过科技项目立项给予创业团队资金支持。"拨"后有两种结果。第一种，若高风险项目创业团队已经履行注意和勤勉义务，但仍不能达到预期目标，产研院给予宽容，不再追究。第二种，若项目进展顺利，创业团队在进行后续股权融资时，需将产研院"拨"的项目资金按市场价格转化为股权，即后"投"。创业辅导模式结束后最多返还原值，而"拨投结合"模式若成功还有额外股权投资收益，更有利于形成"支持—回哺—持续支持"的良性循环，助力政府创业投资机构的长期稳定运行。

"拨投结合"市场化确定"拨"的金额和"投"的股比，更加科学合理。"辅导金"是固定额度，最高不超过 200 万元；"拨"是依据创业团队的实际需求来进行的。由于"拨"后续可能会转成股权，申请过多研发经费将占据团队更多股权，有效抑制团队经费申请额度，有利于合理确定项目预算。创业团队会审慎地根据实际需求来分配这部分资金，因而比"辅导金"能更好发挥对初创企业的扶助作用。"拨"

---

① 财政部、科技部：《科技型中小企业创业投资引导基金管理暂行办法》，2007 年 7 月 6 日。

② 此处"失败"指：辅导期结束，不属于不可抗力而未按《投资意向书》和《辅导承诺书》履约的情节。

转"投"时按照市场价转化股权，利用市场机制进行定价更加客观高效。

3. 更注重与创业团队的利益共享

在着力提升财政资金使用质效的同时，产研院始终注重创业团队的利益。在"拨"阶段，与 GVC 创业辅导金相比，对创业团队技术攻关支持金额更大，支持期限更灵活，失败后果更包容。在"投"阶段，股比合适，且不要求对赌条款。

"拨"的支持资金比创业辅导模式资助资金金额更大。创业辅导模式①下创业团队在第一阶段，即股权投资前，可申请最高 100 万元人民币研发资助，用于辅导企业高新技术研发；在第二阶段，即股权投资后，可申请最高 200 万元人民币研发产业化资助，用于高新技术产品产业化。而产研院科研项目支持金额可超过 1000 万元人民币，均在市场融资前下发，用于创业团队技术研发攻关。"拨"出的支持资金可达创业辅导金的几十倍，远超后者前后两阶段总额，能在研发阶段给予创投团队更充分的资金支持。例如，以"拨投结合"方式实施第三代半导体关键核心材料氮化镓射频技术项目，产研院和苏州工业园区分别投入 3000 万元和 6000 万元用于支持项目研发。目前已经具备了国内领先的下一代化合物半导体关键材料的量产能力，发布了基于国产碳化硅衬底的氮化镓射频外延产品，在各项材料指标上均达到或超过了 Cree 的同款产品性能指标，已经获得台湾龙头企业的意向性订单，为 5G 射频芯片提供国际一流、国内领先的产品。目前公司完成 B 轮融资，估值 21.88 亿元。

"拨"款对创业团队技术攻关支持期限也比"辅导金"模式更灵

---

① 财政部、科技部：《科技型中小企业创业投资引导基金管理暂行办法》，2007 年 7 月 6 日。

活。根据规定[①]，向辅导企业提供的创业辅导期限一般为 1 年，最长不超过 2 年。而产研院"拨投结合"模式中"拨"款没有明确最长使用期限，仅约定"拨"的项目资金截至创业项目进行市场化股权融资时期。相比而言，"拨投结合"模式中"拨"款给予创业团队更灵活的重难点技术研发攻关时间，更关注研发成果本身而非研发时效。

"拨"对创业团队失败更加宽容。在创业辅导金模式下，若"受辅导企业"因非不可抗力在辅导期结束后未实施融资，GVC 要求"受辅导企业"返还一阶段资助资金，并在有关媒体上公布有关"受辅导企业"名单[②]。相较而言，"拨投结合"模式在高风险项目无过错违约时不要求其返还项目资金，对于企业研发失败宽容度更高。

在"投"阶段，股比合理。芯三代创业团队在美国寻找天使投资时，投资者的条件是要占股 70%，创业团队找到产研院，产研院提供上千万元资金支持其产品研发，占股不超过 10%。产研院在所有项目中，持股比例多在 5%~10% 之间，既能时刻保持对项目进展情况的了解和适当把控，又能让利创业团队，充分激发创业团队的创新和开拓激情。

不与创业团队签订对赌协议，相较于其他 GVC 对创业团队发展预期约束方面更加宽容。对赌协议是投资方与融资方在达成股权性融资协议时，为解决交易双方对目标公司未来发展的不确定性、信息不对称以及代理成本问题而设计的对未来目标公司的估值进行调整的协议，调整方式一般有股权回购和金钱补偿[③]。GVC 在投资过程中也常用对赌协议的方式来平衡政府和创业企业之间的利益。例如，力合科创集团 2022 年年报中披露其子公司力合创投投资的 3 家创业公司（分别为深

---

① 财政部、科技部：《科技型中小企业创业投资引导基金管理暂行办法》，2007 年 7 月 6 日。
② 同上。
③ 最高人民法院：《全国法院民商事审判工作会议纪要》，2019 年 11 月 8 日。

圳钜能科技有限公司、深圳天易联科技有限公司、深圳市深港产学研环保工程技术股份有限公司）因发展不及预期，触发回购的诉讼（仲裁）案件。而产研院与创业团队并不签订对赌条款，相对一般股权投资惯例而言，将利益向创业团队倾斜，给创业团队未来发展的约束条件更少，压力更小。

通过"拨投结合、先拨后投、适度收益、适时退出"的模式，既充分发挥财政资金对技术创新项目和团队的引导和扶持作用，保障团队在早期研发阶段的主导权，又充分利用市场机制来确定项目支持强度和获得研发成果的收益。目前，由产研院牵头的"拨投结合"实施方案已列入国家发展改革委、科技部示范推广目录。

（三）启示

政府对创新的鼓励和支持是产研院能够实施"拨投结合"的前提。2013 年 12 月，为落实习近平总书记有关指示，江苏省委、省政府成立江苏省产业技术研究院，并将其作为科技体制改革的"试验田"，着力为江苏产业转型升级提供技术支撑。2014 年 12 月 13 日，习近平总书记考察产研院时对工作予以肯定，并提出"四个对接"，"形成有利于出创新成果、有利于创新成果产业化的新机制"①。李强同志在上海时对于产研院的成果、机制和构想都给予肯定，并鼓励继续积极探索创新。江苏省委、省政府大力支持产研院的积极探索，为产研院量身定制《关于支持江苏省产业技术研究院改革发展若干政策措施的通知》等一系列政策文件，在"科技创新 40""人才新政 26 条""科技改革30 条"中均制定了专门条款，为"拨投结合"突破了现有的财政资金监管模式。2018 年 9 月，中央财经委员会办公室将产研院列为践行

---

① 《习近平在江苏调研时强调主动把握和积极适应经济发展新常态 推动改革开放和现代化建设迈上新台阶》，新华社，2014 年 12 月 14 日。

习近平新时代中国特色社会主义经济思想深化科技体制改革典型案例，要求全面总结体制机制，适时进行复制推广。

"拨投结合"成功实施需要适当的区域产业基础和市场环境。江苏省产业基础条件、营商环境在全国都居于前列，对于创新驱动有内在需求。产研院的投资中，涉及初创项目地点都在江苏省内。在有记录的 51 个项目中，成立企业名称均包含江苏省及其地级市名称[①]，充分发挥出江苏产业基础和市场环境与产研院之间的相互促进和支撑作用。

产研院领导及其带领的专业化团队是"拨投结合"得以实施的关键。刘庆院长具有产研院工作所需要的情怀、视野、专业积累、沟通协调能力和人脉资源。作为材料科学与工程领域的专家，他先后在哈尔滨工业大学、丹麦国家实验室、清华大学和重庆大学从事教学科研工作，曾创办过多家高科技企业。丰富的工作经历让刘庆院长很早就意识到，从科学到技术的转化是世界性难题，必须坚持科技创新与体制机制创新"双轮驱动"，逐步破除科技领域体制机制障碍。

"拨投结合"模式仅适用于天使投资阶段。"拨投结合"模式的适用应该限于创新项目前景尚不清晰、风险大、难以进行市场定价，且资金进入的目的是推动项目产业化，并谋求权益投资的天使投资阶段。如果前景清晰，就进入中后期，这不是财政资金支持的重点，而且这时市场定价机制也很丰富，容易定价，再用"拨转投"模式意义不大，还容易引发不当利益输送的争议。如果不是谋求权益投资，比如政府单纯对早期技术研发经费的支持，也不适合这种模式，没有"转投"的前提条件。

"拨投结合"模式可以在各级政府或地方园区类天使投资中推广借

---

① 刘冬梅、解鑫、贾敬敦等《中国创业投资发展报告 2022》，科学技术文献出版社 2022 年版。

鉴，或者以"拨投结合"模式对创业辅导金模式进行优化改进；探索GVC 如何更好与创业团队同行、为创业人才创造更好的创新创业环境。

三、以"金标准"凝练真需求：与龙头企业共建联合创新中心优化科技攻关组织实施方式

关键核心技术是国之重器，对推动我国经济高质量发展、保障国家安全都具有十分重要的意义。当前，我国在关键核心技术领域面临的制约难题依然较多，同国际先进水平相比还有较大差距。要健全关键核心技术攻关新型举国体制，强化跨领域跨学科协同攻关，形成关键核心技术攻关强大合力。对于企业来说，如何聚焦解决企业生存发展的瓶颈制约，凝练关键技术需求，充分发挥企业创新主体作用，有效组织技术攻关，直接关系到科技资源的配置效率。

（一）关键技术攻关组织方式存在一些普遍性问题

1. 对企业创新主体地位的认识存在偏差

近年来，各地强化企业创新主体地位，组织企业承担各类科技项目。但总体上企业参与感、获得感不强，主要是各地对"企业是创新主体地位"的认识存在偏差。企业是科技创新的主体应该体现在企业是创新需求提出的主体、创新资金投入的主体、实施创新成果转化和应用的主体。但当前普遍把企业创新主体地位片面理解为将研发经费直接给企业，科技攻关项目由企业牵头。在现实中，部分企业获得研发经费补贴后，并未将补贴资金真正运用于技术研发创新中，政府补贴的研发经费可能无法有效支撑企业技术研发。

2. 项目指南难以筛选真需求

目前，各层次科技项目普遍采用向相关领域专家征集技术研发方

向形成公开发布项目指南的方式。在指南形成阶段，虽然有分别来自高校院所和企业的专家参与，但专家提出的大多是本人或所在单位擅长的项目或技术，以期在指南发布后的项目申请中占据优势。同样，来自企业的专家为了自己所在的企业能够获得项目经费支持，提出的指南建议往往都是企业已接近完成或具有优势的项目或技术，或出于商业机密的保护不愿意提供真正的技术支持，使企业急需解决的短板或制约技术难以突破。这就导致财政资金支持项目"锦上添花"的多，"雪中送炭"的少，真正制约的难题没有得到解决，项目指南形成的科学性有待商榷。

3. 评审模式导致外行评价内行

项目评审过程中，为了防止寻租行为，一般采用随机抽签选取专家的方式，这导致多数项目并不是由真正懂具体项目的"小同行"来评审，而是由不太懂项目的"大同行"来评审，效果和可信度大打折扣。另外，回避制度也使得"二流"机构专家评"一流"机构申请项目的情况屡见不鲜，评审的精准性不尽如人意。

4. 项目经费确定和验收机制有待完善

项目管理部门对所有项目事先明确经费支持额度，没有体现市场在资源配置中的决定性作用。项目申请单位均按照上限申报经费，不是市场化机制，一定程度上成为科研团队变相获取横向研发经费的途径。项目验收时，一般采取承担方报送结题材料，有关部门组织专家或第三方进行评估、验收的方式，而不是由成果的直接应用方企业进行评价，无法确定项目是否解决了企业的真需求。

5. "假"揭榜——组织攻关过程走流程

受制于"财政预算当年度执行，结余收回"的管理要求，各地科技计划项目预算当年度执行。这一要求与具有市场导向的"揭榜挂帅"

类项目实际情况相悖，即企业提出技术真难题和真需求，属于难啃的"硬骨头"，不能保证每个难题都有机构或团队揭榜，导致财政预算会有结余。因此，各地组织的"揭榜挂帅"存在"假"揭榜现象，有揭榜单位的项目才列入指南予以发布，完成揭榜流程后给予资金支持（"揭榜挂帅"完成率100%，预算执行率100%），对于暂没有揭榜单位的真正难题不列入指南，导致真正"卡脖子"技术难题得不到资金支持，财政资金使用效率低。

（二）产研院的探索实践

经过多年实践与探索，产研院在科技攻关方面形成了若干好的经验与做法，取得了积极成效。产研院将企业愿意出资作为判断真需求的金标准，目前已累计建设企业联合创新中心360余家，企业凝练提出技术需求2000余项，企业意向出资金额超70亿元，累计解决技术需求800余项，合同总额超20亿元。

1. 将企业愿意出资作为判断真需求的"金标准"

科技攻关要坚持问题导向，朝着最紧急、最紧迫的问题去。所以，发现真问题、凝练真需求尤其关键。在凝练产业技术需求时，产研院以企业是否愿意出资作为判断"金标准"，即企业作为创新主体提出技术需求，并愿意为解决此技术需求提供资金，确保技术需求的真实性。以企业出资额度大小衡量企业的决心和技术需求的关键程度，在此基础上匹配财政资金支持，解决企业技术难题，攻克"卡脖子"关键核心技术，真正体现企业作为创新主体的地位。另外，对于政府资助的传统项目，企业获取资助经费无任何成本，申请资金多多益善。

2. 与龙头企业共建联合创新中心凝练真需求

2018年起，产研院与细分产品领域龙头企业成立了以开展战略研究、提出技术需求、推动协同创新为主要任务的企业联合创新中心。借助龙头企业的行业影响力和上下游企业带动整合能力，打造连接创新资源和创新载体的重要枢纽，推动其开展行业战略研究和制定技术路线图，凝练企业出资解决的真需求。在此基础上，产研院组织专业研究所及国内外高校机构进行匹配对接，通过组织跨区域、跨领域联合开展技术攻关，推动产业链与创新链、产业要素与创新要素深度融合。

产研院探索实践表明：龙头企业真需求对接难（2000 余项技术需求仅对接成功 40%），但解决企业真需求对提升产业能级意义重大。企业普遍反映以企业联合创新中心为枢纽，由产研院作为中间"背书"方双向增信，提升了企业创新资源匹配能力。同时，产研院对企业技术需求进行提炼分析，将"技术难题"变成"研发课题"，打破了学和产两端"语言不通"的僵局，提高了企业技术创新效率。

3. 按照"自上而下""自下而上"机制形成技术指南

针对企业愿意出资，且广泛对接后仍找不到技术解决方案的关键技术需求，通过"自下而上"和"自上而下"的方式形成项目指南，进行联合攻关。"自下而上"，即企业提出愿意出资解决的技术需求，组织专家根据技术先进性、行业重要性和企业出资额度进行评审，凝练、挖掘、提出企业急需的、制约产业发展的"卡脖子"战略性产品或技术难题，组织行业专家研讨确定关键任务清单，细化"悬榜"任务、研发进度安排、成果交付形式、技术参数要求，将"企业难题"变成"可以攻关的课题"，形成关键核心技术攻关需求清单。"自上而下"，即组织专家根据国家重大战略需求等提炼出研发项目，向行业企业征求意见，明确技术需求程度及联合研发出资额度，根据企业愿意出资额度确定技术的可行性和重要性，优先立项。

技术需求面向全球招标，在专家评审的基础上由出资企业最终确定中标研究机构。由财政匹配部分资金与企业意愿出资一起形成"产业技术攻关专项"，匹配支持龙头企业技术难题订单式研发，由出资企业主导对研发项目进行评估和验收，研发成果直接在出资企业应用，真正解决企业短板和制约技术难题。

成果分享机制上，针对共性技术，由多个需求企业共同出资，共享研发成果；针对个性技术，签订保密协议，确保出资企业能够专享研发成果。

4. 试点资金匹配支持企业重大技术难题攻关

2018 年，产研院与法尔胜成立联合创新中心，提出了"碳纤维复合材料桥梁缆索的研发"需求，对于我国碳纤维大桥缆索材料的应用以及纤维产业的发展具有重要意义。2019 年 9 月，产研院协助企业成功对接中冶建筑研究总院岳清瑞院士团队，并在企业出资 300 万元基础上，匹配支持 300 万元开展技术攻关。岳清瑞院士团队提供法尔胜不具备的桥梁用碳纤维复合材料的设计、模拟、工程验证等核心技术。2021 年 3 月，项目突破了碳纤维复合材料吊杆索的应用技术瓶颈，填补了国内空白。

5. 与地方共同设立企业科技攻关引导资金，支持企业技术需求研发

产研院试点用财政资金匹配支持企业重大技术难题攻关，与昆山等地共同设立企业科技攻关引导资金，征集提炼当地龙头企业愿意出资解决的技术难题，组织与专业研究所或国内外高校院所对接，通过对接商谈、撮合谈判、定向组织或招标等方式寻求重大技术需求解决方案提供方。目前已与昆山市（1 亿元）、宿迁市（2000 万元）、镇江市（2000 万元）、扬州市（1500 万元）、泰州市（3000 万元）、徐州

市（1500万元）、南京江北新区（2000万元）和淮安市（2000万元）共同设立了企业科技攻关引导资金2.4亿元，产研院累计出资7000万元，撬动江苏省各地市出资1.7亿元。

（三）下一步发展面临的问题

产研院坚持"科学到技术转化"的根本定位，肩负着科技体制改革的"试验田"重任。过去十年中，在科技联合攻关方面探索形成一系列好的经验做法，但复制推广时将遇到不少问题。

一是企业按照里程碑分多次投入研发与财政经费一次性支持不匹配。企业出资形成科技攻关需求，形成项目指南后"揭榜挂帅"开展联合技术攻关，需求企业一般根据研发进展里程碑式分多次支付研发费用。而与之配套投入的财政经费因政府部门管理规定和工作管理往往一次性支付。当出现技术攻关失败，市场发生变化或被同行先行研发成功的情况，企业不得不选择放弃后续研发投入，项目出现烂尾。此时，财政经费支持的项目中途失败，将面临被审计、问责等风险。这不利于财政经费匹配企业出资支持科技攻关的探索实践。

二是跨区域支付攻关资金面临问题。虽然经费管理并不禁止跨地区支付财政资金，但在实际操作过程中，往往遇到困难。比如，江苏省某龙头企业出资提出技术攻关需求，有关部门进行财政资金匹配，委托上海市研究团队进行技术攻关。但江苏省配套的财政经费支付给上海市企业时，缺乏合理依据，且存在"肥水不流外人田"的想法，项目失败后也将面临被审计、问责等风险，不利于开展"揭榜挂帅"利用全球资源联合攻关。

（四）政策诉求

一是建议国家层面深刻调整科研项目资金管理思路，建立容错机制，鼓励科研人员大胆探索。对于科技探索性强、创新风险性高的研发活动,项目团队若已经履行注意和勤勉义务,但仍不能达到预期目标,或因市场原因导致项目暂停或终止,不能算作失败,有关政府部门应给予宽容。科研资金管理要在避免违规套取财政经费的前提下,以更加市场化的支持方式与攻关模式相适应,做到有为政府和有效市场相结合,提高经费使用效率,提升科技攻关支持效果。

二是建议将企业出资作为判断真需求的"金标准",按照"自上而下""自下而上"的机制形成项目指南。以企业是否出资作为判断真需求的"金标准",以企业出资额度大小衡量企业的决心和技术需求的关键程度,从战略性和紧迫性两个方面,挑选提炼"卡脖子"关键技术难题,凝练形成国家重大专项和技术攻关的指南,真正将企业作为科技攻关的"出题人"。技术需求面向全球招标,在专家评审的基础上由出资企业最终确定中标研究机构开展联合攻关。财政资金匹配企业出资,助力解决企业技术难题,攻克产业"卡脖子"技术。

三是建议江苏省设立"企业关键技术攻关专项资金",由产研院牵头探索实施。围绕决定产业生存权的"卡脖子"技术,产业未来发展权的行业引领性技术,以及对产业转型升级具有重要意义的重大技术,由产研院牵头常态化征集攻关企业关键技术需求,在企业出资的基础上,试点匹配财政资金共同招标,组织全球科研机构"揭榜挂帅"开展关键技术联合攻关,促进科技成果转化。研发成果由出资企业主导对研发项目进行评估和验收,并直接在出资企业应用,发挥企业"阅卷人"的作用。

四、科教融合:以人才高地建设引领产业技术创新

习近平总书记曾指出,创新是引领发展的第一动力,人才是支

撑发展的第一资源①。在当前新一轮科技革命形势下，充分重视和发挥科技人才的作用，推进人才引进和培养，打造产业技术创新人才高地，已经成为各地区实施创新驱动战略，推动高质量发展的关键手段。

近年来，我国各地的新型研发机构正以"异军突起"之势成为推动科技创新和发展的重要力量。从 2010 年到 2021 年底，全国新型研发机构数量从最初的几十家增长到 2412 家，从业人员总数已达 22.18 万人。然而，在当前的人才发展环境下，新型研发机构普遍面临高层次人才招引困难、创新人才队伍不稳定、市场化能力欠缺、集聚规模效益不高、引培和激励制度障碍等多重人才困境。

作为新型研发机构的典型优秀代表，江苏科技体制改革的"试验田"和人才综合改革的试点单位，产研院以战略科学家为引领，集聚培育了数百位一流产业技术创新精英，其中 40 余位科研领军人才完成组建研究所，70 余位科研项目经理成为创新创业企业领袖，帮助 300 多家企业完成关键技术需求挖掘和攻关，联合培养研究生超 6000 余人次，真正打通了人才、科技到产业的通道，形成了人尽其才的产业技术创新生态。产研院以精英人才队伍建设引领产业技术创新的做法值得其他新型研发机构借鉴学习。

（一）人才队伍建设成就

1. 集聚了一群产业技术创新精英

拥有高精尖技术的产业技术创新精英是推动产研院快速发展壮大的重要力量。产研院通过产学研合作机制下的科研经理人制度，提供优良的研究设施、全球前沿技术资源，以及优厚科研经费，吸引和集

---

① 《习近平强调，坚持科技是第一生产力人才是第一资源创新是第一动力》，新华社，2022 年 10 月 16 日。

聚了一批产业技术创新精英。自创院至今，在全球范围内遴选了 400 余位高层次人才担任项目经理，其中有 40 余位是筹建专业研究所的领军人才，70 余位人才推进了重大原创性技术创新项目落地实施。

2. 培育了一批企业创新创业领袖

优秀的企业创新领袖成为推动产业突破性创新的核心力量。通过项目经理、拨投结合、综合评价与专业指导，江苏产研院在第三代半导体设备及材料、基因治疗等方向累计培育成功 88 位创新创业领袖，已有 9 项创业项目完成市场化融资，其中 4 个项目估值超过 10 亿元。这些创业企业在市场上崭露头角，带动了整个产业链的创新升级发展，创造了更多的就业机会，有效带动了本地经济繁荣。

3. 形成了人尽其才的创新生态

人才队伍的建设不仅是培养和引进人才，更重要的是让人才发挥出最大的价值。产研院通过优化人才评价机制，建立了以能力和业绩为导向的评价体系，营造了尊重知识、尊重人才的良好氛围。产研院下属研究所实行团队控股模式，实施多元化的人才激励机制，鼓励创新和竞争，并提供良好的生活福利保障，充分保障创新人员的工作积极性和队伍稳定性。目前 80 家研究所成功上市 1 家，衍生孵化创业公司 1400 余家，涉及资产超过 200 亿元。

（二）人才高地打造之法

1. 聘请综合能力突出的战略型科学家作为领头人，推动"试验田"体制机制改革

产研院的领军人物为首任执行院长刘庆，他是一位集基础科学研究、教学科研管理、企业管理、工程应用实践多方面综合能力于一身的战略型科学家。在基础科学研究方面，他曾是丹麦 Riso 国家实验室高级研究员、清华大学材料学教授、博士生导师，在金属材料塑性加

工科学、技术与工程研究，电子显微分析、塑性变形的微观机理和微观晶体学取向表征调控等方面取得了多项国际领先的创新成果；发表科学引文索引（SCI）论文400余篇，他引13000余次；授权发明专利49项。他在斯坦福大学发布的全球前2%顶尖科学家终身成就榜单（2022）中列材料科学、能源领域国内学者第24名。在教学科研管理方面，他曾担任清华大学金属材料研究所所长、教育部先进材料重点实验室副主任、科技部重点领域创新团队负责人，也曾任重庆大学材料学院院长、副校长，也是自然科学基金、科技部各重点相关学科项目的重要评委。在企业管理方面，他作为技术负责人和总经理创建了清华大学高温应用超导研究中心、北京英纳超导技术有限公司和北京云电英纳超导电缆技术有限公司，建设了中国第一条高温超导线材生产线、完成了中国第一条高温超导电缆研制与并网运行，分别获评2001年和2004年全国十大科技新闻。在工程应用实践方面，他与诸多相关领域的公司密切合作，提供关键技术支撑。例如，作为宁波江丰电子材料股份有限公司的首席科学家，他攻克了超高纯金属靶材在锻造、轧制和热处理等过程微观组织结构精细调控的关键技术，打破了国外垄断，实现集成电路制造用超高纯铝钛钽铜全系列靶材技术自主可控和产业化。

自2014年作为江苏省产业技术研究院首任执行院长以来，刘庆结合其自身对产学研技术转化体系的深刻认知，以超强的创新资源整合能力和开拓性的体制改革执行力，带领产研院从产业技术研发机构建设、人才引进培养和激励、财政资金高效精准使用等方面进行了一系列探索，初步构建了集创新资源、产业需求和研发载体于一体，以企业为主体、以市场为导向、产学研用深度融合的产业技术创新体系和生态。

2. 打造高学历年轻化管理团队，有效对接海内外技术创新资源

产研院的员工学历层次高，年轻有活力，职业背景多元化，是一支非常高效和有执行力的团队。截至目前，产研院共有员工131人，平均年龄38岁，硕士研究生及以上学历的有120人，占比92%；博士研究生学历的有29人，占比22%；具有海外学习和工作经历员工36人，占比27%。产研院的员工基本为理工科背景，具备三年以上工作经验，有较强的沟通交流、改革创新和业务拓展能力，主要来自企业、机关事业单位和高校院所。所有工作人员与产研院均是市场化的雇佣关系，根据职能属性分布在15个部门，包括9个综合管理部门和5个专业事业部（信息技术事业部、材料事业部、制造与装备事业部、生物与医药事业部、能源与环保事业部）。

以服务技术创新人员，成就科学家梦想为宗旨，产研院的服务管理团队尽量与引入的技术创新团队"同呼吸、共命运"，以极强的责任心和工作热情，推动产研院的工作开展，并取得了显著成效。截至目前，累计管理专项资金约53亿元，累计聘请项目经理团队400余个，在先进材料、装备制造、电子信息、能源环保、生物医药等5大领域成立80家研究所（其中上市研究所1家，衍生孵化创业公司1200余家），涉及资产超过200亿元；对接海内外190余家高校与机构战略合作；与360余家细分领域龙头企业建立了联合创新中心；征集企业愿意出资解决的技术需求2000余项，企业拟出资金额超70亿元；对接国内外机构和人才团队，达成技术研发项目800项，合同金额超20亿元。

3. 引入产业关键核心技术人才，全方位服务和综合性评价助力创业团队孵化

在产业技术前沿领域，产研院在全球范围内遴选一批应用技术开

发能力、创新资源整合能力和重大项目组织能力强的领军人才担任项目经理，孵化培育成立研究所或创业公司。项目经理负责牵头完成市场调研、整合创新资源、组建研发及管理团队，产研院为其组建服务团队，帮助对接地方园区共建研发机构或实施国内第一或填补国内空白的技术创新项目，以成功孵化团队为目标，提供全方位专业化的技术服务，帮助项目经理完善团队结构、明确核心团队成员，确定首批研发项目及预期结果。

在服务过程中，对项目经理团队进行综合考察评价。对于筹建专业研究所的项目经理，评价标准重点关注领军人才的行业影响力、团队整合能力、个人格局素质和创业精神、技术先进性和超前性以及与国家战略和产业发展的契合度。最终遴选聘请的项目经理基本是细分产业的技术领军人物（主要为院士），拥有较强的攻克共性技术与整合团队资源的能力。对于实施创新创业项目的项目经理，评价标准重点关注技术先进性、市场前景以及创新创业精神。技术评估时采取"小同行全面评价"的方式进行评议，由项目团队自荐或产研院"背靠背"邀请真正的"小同行"评审专家，他们了解项目团队在业界影响力和实力、技术的先进性和投资风险。继而结合3~6个月的项目经理培训和尽职状况调查，筛选出优秀项目团队，以重大科技项目立项方式给予千万元级别的科研启动资金支持，以完全的容错机制和灵活的资金支配方式，保障团队专心开展研发攻关。若项目研发失败则以科研课题方式结项，项目研发成功则进一步提供资金支持，推进项目产业化生产。

截至目前，产研院在全球范围内遴选了400余位高层次人才担任项目经理，约1/3的项目经理顺利通过综合评审论证，实现项目落地，其中40余位成为筹建专业研究所的领军人才，70余位推进了重大原创性技术创新项目。人才队伍既具备世界一流的技术水平，也和本地的产业发展有良好的对接，包括国内外院士 41 名。例如，江苏产研院 / 长三角国创中心极限精测与系统控制研究所所长、江苏集萃苏科思有限公司首席执行官 Hans Duisters（汉斯·杜伊斯特）将荷兰的高科技研发合作模式引入中国，为半导体前道量测、激光切割、先进封装、光刻、固晶等设备厂商提供了一系列的解决方案，有力推动了中荷企业合作，汉斯·杜伊斯特本人荣获 2022 年度中国政府友谊奖。此外，为了强化专业研究所的研发能力，保障研究所人才队伍的稳定性，自 2017 年以来，产研院以研究所为平台聘请全职江苏省产业技术研究院（JITRI）研究员 106 人、JITRI 青年研究员 115 人，集中开展技术研发和成果转化。

这一全链条的人才招引、评价、激励机制设计有效促进了产业先进技术突破和创业企业孵化落地。例如，2017 年引进项目经理顾星，创办了苏州汉骅半导体有限公司，实施氮化镓射频技术研发，实现了 4 英寸氮化镓高电子迁移率晶体管（GaN HEMT）自主外延材料关键技术新突破和产业化，替代了国外产品。目前该公司估值约 22 亿元。2017 年，半导体封装技术研究所引进 JITRI 研究员姚大平，开展基于三维堆叠扇出型晶圆级技术的新型存储器封装技术研发，孵化了江苏中科智芯集成科技有限公司。

4. 践行创新劳动与利益收入匹配，释放研发团队巨大创新活力

按照习近平总书记"研发人员创新劳动同其利益收入对接"[①]的要求，产研院以突出知识、人才价值为导向，兼顾各参与方利益，构建知识产权权益分配机制，赋予人才团队技术路线决定权，技术成果的所有权、处置权和收益权，释放研发团队巨大的创新活力。

---

① 《习近平在江苏调研时强调 主动把握和积极适应经济发展新常态 推动改革开放和现代化建设迈上新台阶》，新华社，2014 年 12 月 14 日。

　　一方面是采取"团队控股"建设专业研发平台。在建设专业研究所时探索实施"团队控股"的运行机制，地方园区提供研发场所、仪器设备和研发资金，团队、地方园区和产研院共同现金出资组建团队控股的运营公司，研发收益归运营公司，增值收益按股权分配，从制度上保障科研人员创新创业的积极性。"彻底市场化"运行模式对创新人才的激励进一步提升，人才团队由拥有"成果转化收益权"增加到"成果所有权、处置权和转化收益权"。"团队控股"的新模式推动了多家由高校院所举办的研究所，国有企业、民营企业和央企研究院主动改制。例如，数字制造装备与技术研究所是华中科技大学与无锡成立的事业单位性质的科研机构，改制时，人才团队成立有限合伙企业，再与华中科技大学、无锡惠山区、产研院共同成立团队控股60%的混合所有制公司，资金分配模式由过去"谁的职位高、头衔大，谁分钱多"变为"谁的项目前景好、能赚钱，谁分钱多"，利润分配方式由过去"靠领衔专家影响力搞平衡"变为"按工作实绩论多少"。

　　另一方面是实行"拨投结合"支持重点项目。在实施重点项目方面，实行"拨投结合"支持模式，先期以科研项目形式资助研发经费，在项目后续进行市场化股权融资时，转化为相应投资权益，助力团队克服项目早期融资困难，保障团队研发与运营的主导权。例如，2020年引进的施建新博士碳化硅外延CVD（化学气相沉积）设备研发团队，联合苏州工业园区共同支持创办了芯三代半导体科技（苏州）有限公司，团队占股90%，成功研发了拥有完全自主知识产权的碳化硅外延生长的CVD装备，实现碳化硅外延设备的进口替代，填补国内空白，目前公司估值约17亿元。

　　5. 搭建产学研深度融合平台，连接院所高校企业联合培养创新人才

　　产学研深度融合本质上是创新型科技人才的培养和转移，产研院

奉行不仅要为江苏产业持续提供前沿技术支撑，还需为企业输送合格的创新型工程技术人才。近几年，产研院针对部分却高校人才培养体系"重理论轻实践、重知识轻能力"的问题，突出需求导向、实践导向，与国内外知名高校开展"集萃研究生联合培养计划"，即以产业真需求为课题，以专业研究所和核心企业合作伙伴为平台，以研究所研究员和企业的高级工程师为合作导师，实行"双导师"制度，设立奖学金，与国内外大学联合培养既有理论知识又兼具研发创新能力和解决实际问题能力的创新型人才。

自 2019 年启动"集萃研究生"联合培养工作以来，产研院已与国内 100 余家高校院所达成战略合作，累计联合培养研究生近 6000 名，在校企联合培养方面凝练出一套全方位的产教融合培养模式。一是在江苏省教育厅"产教融合"研究生专项计划的支持下，部分省属高校将"集萃研究生"纳入硕士研究生招生简章、单列指标。二是与西交利物浦大学、中国矿业大学、南京工业大学共建高校类集萃学院，系统开展校企联合培养，同步打造以长三角先进材料研究院等重大集成创新平台为主体的领域性联合培养平台。三是组织学生参加集萃创新杯大赛、集萃大讲堂等特色活动，启动以产业专家为主体的集萃导师库建设，并围绕重点领域产业实践开展特色课程开发，提升培养能力。四是上线运行"集萃研究生"联合培养信息管理系统，实现对研究生申报、培养、激励、就业等全流程可视化管理和服务，加强联合培养质量监控。以"集萃研究生"联合培养为基础凝练而成的"新型研发机构科教融合培养产业创新人才"培养平台于 2021 年入选国家发展改革委、科技部"十四五"全面创新改革任务清单。2022 年，江苏产研院进一步被纳入国家工程硕博士培养首批试点单位，并积极争取承担"国家卓越工程师创新研究院"建设。

（三）启示与建议

产研院的实践经验表明，充分激发"人"的积极性，发挥产业技术创新人才的集聚效应，是推动创新研发和科技成果转化的关键，为我国推进产学研成果转化的人才队伍建设，助力实现科技强国之梦提供了多方面的启示。

1．"筑巢引凤"——集聚培育战略科学家

战略科学家是具有深厚科学素养、视野开阔，前瞻性判断力、跨学科理解能力、大兵团作战组织领导能力强，在国家重大科技任务担纲领衔的科学家，是"见事于未萌之明者""图强于未来之智者"。习近平总书记曾在中央人才工作会议上提出，要大力培养使用战略科学家，有意识地发现和培养更多具有战略科学家潜质的高层次复合型人才，形成战略科学家成长梯队。①

战略科学家与普通的科技人才不可相提并论，为了集聚培养战略科学家，往往需要把握特殊机遇，采取特事特办的方式。首先，要搭建发挥战略科学家主观能动性的创新平台，突破体制机制障碍，以战略科学家为"将领"，组建具有战斗力的科研团队，充分激发平台的创新活力；其次，应以国家科技计划、专项战略计划等重大任务为牵引，集中优势资源，协调政策导向，吸引和培育具备国家发展不同领域实施顶层设计能力的战略科学家；再次，要以新环境、新组织、新政策、新机构等制度创新为保障，为战略科学家提供高强度的投入、高丰度的资源、高自由度的机制保障；最后，宜通过人文情怀打造、生活保障、工作福利满足战略科学家的情感和日常需求，同时注重爱国主义、战略思维、个人情操、创新能力、管理能力、组织能力等素质的培养和熏陶。

---

① 习近平：《深入实施新时代人才强国战略　加快建设世界重要人才中心和创新高地》，《求是》2021 年第 24 期，第 4-17 页。

2. "责权利均衡"——知识产权权益合理分配

知识经济时代，构成"新质生产力"的生产资料为知识产权和研发资金，劳动者为科研人员，改革创新要素的配置成为提升生产效率的关键，即要把知识产权和研发资金的所有权、处置权和收益权交给科研人员，充分激发科研人员的创新创业积极性。研发是产业，技术是商品。产研院采取"团队控股"建设专业研发平台，实行"拨投结合"支持重点项目的实践经验表明，合理的责权利分配机制可以有效促进科技创新研发和科技成果转化。

我国在促进科技成果转化方面的试点和改革已经推行了十年，在下放科技成果使用、处置和收益权，完善科技成果转化激励机制，提升科研机构和科研人员的自主性等方面已经取得了一定成效，但体制机制障碍依然存在，"钱学森之问"至今无解。激发科研人员创造力的首要任务就是建立合理的人才激励制度，保障研发人员创新劳动同其利益收入对接。首先，要提供具有竞争力的薪酬和福利待遇，包括薪资、奖金、科研津贴、医疗保险、住房补贴等，保障科研人员的生活需求；其次，加强知识产权保护，打击侵权行为，保障科研人员的知识产权权益，并积极推进科技创新和成果转化；再次，要建立健全科研单位收益分配机制，合理设定最低分配比例和主要贡献人员奖励比例，突破工资总额管理限制，并给予服务部门和转化人员合理的奖金激励；最后，要建立尽职免责机制，充分尊重科技创新规律，在技术研发和科技成果转化过程中对于符合相关政策和规定的决策失误行为，应免除追究其相关决策失误责任，以减轻科研人员的压力和风险。

3. "学以致用"——产教融合培养人才

当前中国工科高校的人才培养模式存在明显的产教脱节问题，人才培养规格不能适应新时代卓越工程师能力要求，教学内容不能满足未来工程实践需求，培养机制不能遵循工程教育多主体协同的规律，导师队伍缺乏实践经历与技术创新、多学科视野和融会贯通。工程师队伍是支撑国家重大战略工程，应对全球科技创新和建设现代化产业体系的重要支撑力量。习近平总书记指出，进一步加强科学教育、工程教育，加强拔尖创新人才自主培养，为解决我国关键核心技术攻关提供人才支撑。① 新时代以来，产教融合进行工程师队伍的培养已经开始呈现全方位布局和特色化探索并重的模式，"天大方案""成电方案""哈尔滨工业大学新工科'π型'方案"等创新探索不断涌现；未来技术学院、现代产业学院、特色化示范性软件学院、国家卓越工程师学院等创新实践推动工程教育再深化、再出发。而产研院"集萃研究生联合培养计划"，与高校共建"集萃学院"，以及筹建"集萃理工"等一系列探索和尝试，构建起了"创新、创业、工程"以及以交叉融合为特征的教育体系，为产教融合培养卓越工程师提供了又一实践范例。

破解产教脱节，需要"跳出教育看教育"，强化高等教育、职业教育与产业发展之间深度配合。一是建立产业需求导向的人才培养模式，关注新兴产业的发展趋势，调整和优化学科专业结构，形成与产业发展相适应的教育体系；二是加强教育链与产业链的深度融合，通过在教育环节中为学生提供实践机会，开展科研合作、技术转让等方式，将教育环节与产业环节紧密相连，形成产教融合的良性循环；三是以提高学生综合能力和素质为目标，创新人才培养模式，推行以项目为基础的实践教学，培养学生的实际操作能力和解决问题的能力；四是通过加强教师培训、鼓励教师参与产业研究等方式，提升教师队伍的专业素质和产教融合的能力；五是内外结合，构建工程教育治理支持

①《习近平在中共中央政治局第五次集体学习时强调　加快建设教育强国　为中华民族伟大复兴提供有力支撑》，新华网，2023 年 5 月 29 日。

和服务体系，建立以多方投入为主的工程教育经费分担机制，推动工程教育学科建设。

五、打造吸引全球创新资源的"强磁场"

当前，新一轮科技革命和产业变革深入推进，世界百年未有之大变局加速演进，全球科技竞争日益激烈。新科技革命不仅重构全球分工结构，也重塑全球竞争格局。科技创新已经成为大国博弈的主战场和改变世界经济版图的关键变量。科技具有世界性、时代性，国际科技合作是大趋势、主旋律。但是近年来，受地缘政治、贸易保护主义的影响，全球资源流动壁垒增加，"逆全球化"趋势已经成为我国新时代对外开放过程中的主要外部环境特征，对开展国际科技合作交流和创新资源集聚带来了诸多新挑战。一是推行保护主义"脱钩断链"。泛化国家安全概念，大搞"保护主义"，歪曲正当科技交流合作，屡屡发起单边制裁、极限施压，筑起科技领域"小院高墙"，鼓动技术发展"脱钩断链"，并抛出"出口管制""投资审查""经济安全""供应链韧性"等概念，严重影响了全球科技健康良好发展。二是组建技术"小圈子"阻碍科技发展。一些西方国家受冷战思维、霸权逻辑的深刻影响，试图划分阵营进行技术对立。技术"小圈子"严重阻碍了国际科技合作交流与技术创新要素流动，使全球技术供应链网络碎片化，影响公平、公正的技术标准制定和技术治理，阻碍全球科技进步，加剧全球发展赤字和创新鸿沟。

为进一步扩大国际科技交流合作，在成立之初，江苏省产业技术研究院确立了全球化发展视野格局，以"共迎全球挑战、共谋人类福祉"的愿景，联合全球战略合作伙伴推动科技创新与高水平国际科技合作。

（一）国际科技合作的主要做法

江苏省产业技术研究院定位于"吸引全球创新资源的强磁场"，架设全球创新资源与江苏省之间的桥梁，围绕江苏产业技术创新发展需求，积极搭建链接国际创新资源的网络体系，不断完善创新资源集聚模式，与世界顶级高校和研发机构建立战略合作关系，建设海外平台，参与国际组织，聘请战略顾问等；以项目落地为根本，积极优化国际科技合作模式，以"国际合作资金池"计划汇聚全球资源、以海外研发模式吸引创新项目、以"项目经理"模式促进技术落地、以成立合资公司模式引进隐形冠军企业，促进了国内外高端创新资源加速向江苏省集聚。

1. 建立全球战略合作伙伴关系，深度融入全球创新网络

（1）发挥江苏产业基础雄厚优势，构建链接全球创新资源的创新网络，大范围、高效率、高能级承接和集聚全球创新资源。十年来，江苏省产业技术研究院累计与英国伯明翰大学、牛津大学理工学部、帝国理工学院，美国哈佛大学、密歇根大学、加州大学伯克利分校，澳大利亚蒙纳士大学、悉尼大学，德国弗劳恩霍夫协会等 87 家海外战略合作机构建立战略合作关系，其中北美地区 15 家、欧洲地区 40 家、亚太地区 25 家，初步形成了覆盖广泛的创新资源合作网络，形成常态化交流互访工作机制和项目合作机制。

（2）在伦敦、休斯敦、硅谷等全球创新活动最活跃的地区建设了 8 个海外创新平台，聘请当地高层次人才为海外代表，以产业需求为导向，搜寻、洽谈、引进创新资源，对接国际先进创新项目及团队，深化国际交流合作，在更高起点上推进自主创新。如硅谷代表处与北京大学校友会合作设立，与苏州高新区资源共享；休斯敦代表处聚焦生物医药产业领域，与苏州工业园区资源共享。这些平台作为引进海外

项目和国内创新型企业进入海外的双向孵化平台，已成为江苏联结海外高校、科研机构创新合作的桥梁。位于美国休斯敦的德州医学中心的 CUBIO 创新中心，作为江苏省产业技术研究院的代表处之一，是推动中国企业走向世界的重要平台。CUBIO 不仅为海外创新企业提供一个展示和成长的平台，同时也为国际项目搭建桥梁，促进创新成果的全球转化和应用。CUBIO 致力于帮助中国企业拓展国际视野，实现全球市场的深度融合与合作，共同推动科技创新和产业升级。2022 年初，CUBIO 通过全球项目征集了解到 Proteologix 公司有意到华布局早期药物研发。CUIBO 为公司团队提供了跨境落地咨询、招商政策解读、投融资对接等一系列全方位服务，顺利推动 Proteologix 公司中国子公司——苏州兰芽生物制药科技有限公司落户苏州工业园区。产研院通过组织技术交流、举办项目路演、对接上下游合作等方式，持续赋能企业本土化发展。近日，由 CUBIO 引进的苏州兰芽生物制药科技有限公司（Proteologix）被强生公司以 8.5 亿美元现金收购。

（3）发挥外资研发中心在应用研究和技术创新上的溢出效应，与外资企业研发中心共建全球创新伙伴战略合作关系，积极探索项目联合研发、技术需求对接、人才联合培养等合作，旨在促进外资研发中心更好参与和服务中国产业创新发展，推动外资研发中心与长三角区域内的创新要素深度融合。已与飞利浦、杜邦、达索等共计 23 家外资龙头企业共建全球创新伙伴关系，积极探索创新合作模式，加速国际创新资源集聚。如与飞利浦共建了首个联合创新实验室，在合作框架下双方将重点开展高端医学影像行业前沿技术探索，合作支持"从 0 到 1"的创新课题，并依托项目开展工程类人才培养。

2. 以国际组织为抓手，提升品牌影响力

（1）承担 WAITRO 秘书处工作。2017 年，产研院加入 WAITRO。

2018 年 11 月—2022 年 11 月，与德国弗劳恩霍夫协会共同承担 WAITRO 秘书处工作。以 WAITRO 为纽带，不断探索与"一带一路"共建国家的科技创新合作。在产研院与德国弗劳恩霍夫协会共同推进秘书处工作的 4 年中，双方通过线上、线下相结合的形式，组织了 60 余场工作交流会议及技术研讨活动；联合德国办公室发起 3 项创新合作计划，向 WAITRO 会员网络推荐了江苏省 40 余项科技合作项目；与高水平海外科研院所签署战略合作协议 2 项；发展了 7 家科研院所及企业成为 WAITRO 会员单位。2022 年 11 月 14—16 日在南非开普敦成功举办 WAITRO 创新峰会及会员大会。在 WAITRO 会员大会中，江苏省产业技术研究院承担的秘书处工作得到全体会员的一致认可和高度赞赏，被确定为 WAITRO 下一届秘书处，并成功争取到 2024 年 WAITRO 全球创新峰会及会员大会的举办权，届时有来自全球 30 多个国家的 1000 余人参加。

（2）参与国际智能制造联盟工作。国际智能制造联盟（ICIM）是中国科协智能制造学会联合体联合美国、德国、日本等 14 个国家 60 家科技类社团、科研院所、高等院校和企业等机构共同发起的非官方、非营利性的国际合作组织。重点推进智能制造领域的国际学术交流、搭建合作平台，开展国际智能制造领域标准制定、政策法规研究和咨询服务，推动智能制造科技成果转化与应用，发起国际合作研究项目，开展智能制造人才培养、科技传播与科学普及活动等。江苏省产业技术研究院 2018 年起参与国际智能制造联盟筹备工作，承担国际智能制造联盟秘书处和产业委员会的工作，连续多年统筹世界智能制造大会工作，累计组织 30 余个国家和地区的智能制造领域 1300 余名专家学者参与技术研讨、成果推广、产业合作。组织海内外国际会展 20 场次，引进推荐 62 家机构，与 100 余位专家对接，落地实施合作项目 10 余项。连续多年共同开展"世界 / 中国智能制造十大科技进展""Intelligent Manufacturing Report"（《智能制造报告》）和"智能制造技术路线图"的研究与发布。

3. 以品牌活动促进国际项目合作

（1）组织形式多样的交流活动。交流活动是增进相互了解、开展项目合作的重要手段，包括组织出访、邀请专家来访、组织专题研讨、工作坊、项目对接、大规模的技术转移论坛。江苏省产业技术研究院在国内外累计组织实施百人以上的技术交流活动超 100 场次，累计参加人数超万人。2018 年组织了 5 场海外技术交流活动，如在美国休斯敦举办的中美创新论坛和"创之星"大赛，在墨尔本与蒙纳士大学联合组织的有 34 个议题的 JITRI—蒙纳士工作坊，以及新加坡—江苏创新合作论坛等。2019 年与英国驻中国使领馆共同举办英国科技创新周活动，组织英国牛津大学、帝国理工大学、UCL 大学（伦敦大学学院）、布鲁内尔大学、哈德斯菲尔德大学等机构合作负责人、教授及项目负责人洽谈项目合作。

（2）发起举办全球产业科技创新合作大会。2024 年 1 月在南京成功召开首届全球产业科技创新合作大会，吸引了来自美国、英国、德国、加拿大、澳大利亚、俄罗斯等近 30 个国家的 100 位外籍参会代表，分享国际创新合作的有效做法、探讨新型合作模式。大会还邀请了各产业领域的近 30 名海内外院士，数十所高校院所和数百家国内企业的 400 人参会，聚焦前沿产业技术，分享最新科技成果和创新应用，形成了较大的国际影响力。近年来，产研院组织专业研究所、江苏省内龙头企业到美国、英国、澳大利亚、德国和新加坡等国家，开展与国际合作高校和研究机构的现场交流和技术对接，推动研究所与龙头企业拓展国际合作空间，以更大的步伐开展国际项目合作。

（3）聘请战略顾问，集聚创新人才。聘请在海内外具有较高影响力和知名度的产业界、学术界、科研界及政界人士担任战略顾问，为产研院拓展全球顶级高校、机构资源，引进项目经理，评审重大项目，指导发展规划等。截至 2023 年底，聘请了陈向力、Wilfried R. Vanhonacker、Sheenan Harpaz、Mike Russell 等战略顾问，他们分别来自世界知名高校、科研机构和企业。参与多个国家及江苏省政府海外合作平台的活动，产研院在扎实推进海外合作网络建设、积极组织技术交流活动、推进具体创新资源落地江苏的同时，也在努力宣传江苏、讲好 JITRI 故事、服务国家"一带一路"倡议。

（二）创新合作机制，促进创新项目落地转化

（1）设立概念验证基金支持海外高校早期项目研发。遴选与江苏产业发展契合度高、技术创新性好、应用前景广阔的原创项目，江苏省产业技术研究院与合作高校设立概念验证基金，直接向海外高校团队提供项目资金，支持其技术开发。如联合上海长三角技术创新研究院、无锡市产业技术研究院，为新南威尔士大学共同设立为期 5 年、每年 100 万澳元的概念验证基金，支持遴选的优质项目在大学完成技术验证等工作，符合技术转移条件的推进在江苏落地转化，并约定资助资金在产业化中的相应权益。

（2）设立海外高校研发合作资金池，引进创新成果二次开发。为加强与国际知名高校和研发机构的项目合作，产研院首先与每个合作的大学和研发机构签署战略合作框架协议，约定重点合作领域，厘清知识产权相关事项，建立沟通工作机制。并为每家机构设立每期 2000 万元国际合作资金池，支持战略合作机构技术项目与专业研究所、江苏龙头企业合作开发后实现产业化。实践证明，海外合作资金池的设

立，极大增强了海外机构的合作信心和紧密度，吸引了大批项目团队互动交流。近年来，已启动实施资金池合作项目80余项。例如，与澳大利亚蒙纳士大学开展合作，国际研发资金池一期9个项目已在实施，二期已启动实施了5个项目。

（3）汇聚海外高端人才归国创新创业。一方面共建高水平研发载体。聚焦新一代信息技术、新材料、生物医药、装备制造、能源环保等重点领域，联合共建一批重点领域集成创新平台，着力突破影响国家产业安全的重大技术问题，形成技术创新持续供给能力。引进海外人才团队，新建专业研究所28家，形成2000余人的专职研发队伍，着力于应用技术开发与转化，衍生孵化企业200余家，有力支撑江苏省产业高质量发展。另一方面实施颠覆性技术创新。面向未来的战略新兴产业，抢占产业发展制高点，力争在引领性、前瞻性、颠覆性的科技创新上取得突破。江苏省产业技术研究院聚焦海外优势领域，集聚了海外项目经理团队组织实施了64个填补国内空白的前瞻性引领性技术创新项目，在第三代半导体关键材料与生产设备、高性能网络芯片、癌症靶向药、基因治疗等方向培育了一批高成长性科技型公司。

（4）聚焦企业技术难题实施有组织的跨国技术攻关。围绕江苏龙头企业技术需求，江苏省产业技术研究院组织对接海外创新资源，累计已为企业解决需求44项，单笔最大合同金额5000万元人民币，累计合同金额1.5亿元人民币。如引进欧洲顶尖研发公司荷兰Sioux集团，合资成立的苏州极限精测与系统控制研究所，进行半导体高端检测装备及系统的自主研制——晶圆量测专用纳米级高精度气浮平台（UPSS），产品目标打破国际垄断。针对国家新型显示技术创新中心（简称国创中心）联创企业万邦医药提出的肝素钠高纯度、低成本生产技术的需求，成功对接了战略合作高校美国北卡罗来纳大学该领域资深教授刘建团队，促成双方达成 300 万美元的项目合作，企业出资购买北卡罗来纳大学技术。目前企业已获批新药临床试验。

十年来，江苏省产业技术研究院在全球资源集聚方面成效显著。自 2015 年牵手第一家战略合作机构蒙纳士大学以来，累计与海外 85 家知名高校及研发机构建立战略合作关系，在硅谷、休斯敦等地设 8 家海外创新平台，对接海外项目超 1000 项，落地实施国际合作项目 218 项，其中，引进 92 名海外产业领军人才（团队）担任江苏产研院项目经理（包括海外院士 21 名），建设专业研究所 28 家，实施颠覆性原创技术成果产业化项目 64 项，累计吸引集聚海内外高层次人才近 2000 名创新创业；对接海外高校机构解决江苏细分行业龙头企业技术难题 44 项，合同金额 1.6 亿元；联合海外高校机构与专业研究所开展联合研发项目 126 项，联合培养人才 68 名。持续深化与国际组织的合作交流，集萃品牌国际影响力显著提升。

（三）坚定信心多方合作，直面逆全球化挑战

近年来，经济全球化转型不仅受到逆全球化思潮的影响，还遭到地缘政治的冲击。单边主义、保护主义升温，新冠疫情给开放合作带来新的冲击，国际合作陷入低谷。面对国际大环境的影响，江苏省产业技术研究院坚定信心，积极进取，依靠构建的全球创新网络和形成的合作信任为基础，积极深化多层次合作，开拓新的合作空间。一方面充分借力江苏省对外合作战略，与省发展改革委、科技厅、商务厅、省外事办公室一道，积极参与江苏省同德国北威州、巴符州，美国加利福尼亚州、德克萨斯州，澳大利亚维多利亚州，以及新加坡、芬兰等国家的合作平台的活动；另一方面，同科技部驻外机构，与英

国、美国等重点国家驻外机构紧密合作，积极拓展资源渠道；同时，发挥海外华人组织的作用，如中国旅美科技协会、美国华人工程师协会、德国华人教授协会、德国华人工程师协会、全英华人教授协会等，积极联络合作资源。江苏省产业技术研究院充分发挥海外建立的合作网络和代表处作用，以及承接海外创新资源落地转化的政策资金和专业队伍优势，以更加热情的态度、专业的水平、务实的合作机制、线上线下结合的方式积极推进国际科技合作，赢得海外合作伙伴的认可。2020 年以来，产研院新增海外知名大学等战略合作机构 36 家，与强生、杜邦、飞利浦等 23 家外企合作建立全球创新伙伴关系。

下一步，江苏省产业技术研究院将深化国际科技合作，提升全球创新资源要素配置能力。一是加强技术服务出海。依托已建设的应用技术研发机构和高水平研发团队，联合全球战略合作伙伴，借助 WAITRO 国际组织的优势，开展面向全球的技术研发服务，解决海外产业技术升级问题。二是加强体制机制出海。依托江苏省产业技术研究院科技成果转化的机制优势，联合海外高校机构，加快科技创新成果在海外转化，必要时引进国内产业化。三是加强产业出海。链接江苏乃至长三角区域行业龙头企业，以优质产品和高质量的产业体系，开展面向全球的产业合作，拓展企业海外版图，推动海外产业升级。

面向未来，江苏省产业技术研究院积极践行"人类命运共同体"和共建"一带一路"的重大倡议，围绕能源环境、生命健康、通信等全球共同面临的重大问题，集聚全球产业科技创新人才，共同创造全人类福祉，通过技术交流合作解决更多发展难题，海外合作必将迎来新机遇，开拓新局面！

第三章

新型研发机构体制机制改革的重点及建议

产研院始终走在科技创新机制体制改革最前沿，是我国加快建设科技强国，实现高水平科技自立自强的生动实践，其创新探索值得深入借鉴。但全面有效地贯彻落实国家战略要求，需要在把握新型研发机构演进的基础上，重新审视其在新发展阶段实现高质量发展的基本定位，机制创新的基础性约束以及进一步明确必须突破的机制创新难点。

为解决大学、科研院所、事业单位等传统研发机构与市场脱节等问题，我国早在1996年就提出要建设一批新型科研机构。2019年，科技部出台《关于促进新型研发机构发展的指导意见》（以下简称《指导意见》），进一步推动了新型研发机构更快发展。全国近30个省区市先后出台了地方政策。初步统计，国内经认定的各类新型研发机构已突破2000家。新型研发机构是我国创新体系中的新兴主体，有别于大学、科研院所、事业单位和企业等传统科研机构。相对传统研发机构而言，新型研发机构是科研服务新主体，定位新功能，立足新领域，具备新形式，对促进应用型技术创新和推动科技成果转化，尤其是帮助中小企业应用创新，发挥了重要作用。但通过对北京和长三角、珠三角等地的调研发现，大部分科研创新主体依然在传统科研体制下开展研发活动，仅能进行有限的机制创新，普遍存在机制创新难的发展瓶颈。因此，新型研发机构高质量发展，一定要消除机制层面的基础性约束。

一、新型研发机构应坚持"三个有利于"

高质量发展离不开高质量科技创新。一方面，我国迫切需要突破一批前沿技术补链强链，在更多的高新领域参与全球高水平竞争；另一方面，国内大市场迫切需要代表世界一流水平的新技术精准落地，释放消费潜力、畅通经济循环、满足消费升级。新型研发机构始终面向前沿创新，重点解决科技创新产业化问题，因此是创新驱动高质量发展的一类重要科研新主体。分析我国新型研发机构的发展实践，结合国外同类型机构的成功经验，新型研发机构在新发展阶段实现高质量发展势在必行，应坚持"三个有利于"。

（一）有利于科技创新产业化

新型研发机构与传统研发机构的最本质区别在于重点功能不同。新型研发机构重视应用创新，拥有科技成果转移转化能力和通道。大学、科研院所和事业单位以基础性科研为主，重点开展基础研究和应用基础研究；传统的企业类研发机构主要开展产品或工艺，包括科技成果产业化、技术革新、工艺流程创新等。基础性科研很可能与市场需求脱节，难以落地；技术研发往往缺乏科学研究支持，难以形成引领性的重大突破。新型研发机构旨在突破基础领域与市场主体之间的产业技术瓶颈，主要开展应用创新，重点是产业共性关键技术研发。我国最早在 1996 年提出要建设一批新型科研机构，基础性科研就是"以应用对策研究为主"。

（二）有利于突破世界前沿技术

新型研发机构始终立足高新领域开展创新活动。新型研发机构是我国科研机构改革的特有概念，其实早已有之。例如成立于 1949 年的德国弗劳恩霍夫应用研究促进协会（简称弗劳恩霍夫协会），及国外的同类机构都是面向前瞻性、突破性技术开展研发活动。它们不满足于亦步亦趋，而是着眼于长期性的下一代技术，致力于做本国乃至世界范围内的创新高地。2019 年科技部发布的《指导意见》，对新型研发机构的定位也比较全面，包括"从事科学研究、技术创新和研发服务""主要开展基础研究、应用基础研究，产业共性关键技术研发、科技成果转移转化，以及研发服务"。

（三）有利于中小企业关键核心技术创新

新型研发机构可服务于一些龙头大企业，更应面向全行业重点帮助行业内的中小企业突破关键核心技术，成为中小企业的应用创新服务平台。大企业的创新能力较强，有实力构建创新生态，且拥有自己的研发单位，也容易与科研院所开展创新合作。创新型中小企业是大企业的中上游供应商，是大企业创新生态中突破零部件和原材料关键核心技术瓶颈的实施主体。我国实现产业链供应链自主可控离不开广大中小企业的创新突破。但中小企业创新存在天然不足，难以立足前沿领域，难以吸引到支持前沿创新的人才、资金等要素，难以承担前沿创新的高失败风险，不愿为短期内形不成市场规模的前沿开发投入资源。新型研发机构重视应用创新，具备基础研究能力，可化解中小企业的创新要素与创新风险难题。实际运营中，一些新型研发机构瞄准中小企业应用创新市场，集结资源搭建可以弥补中小企业创新短板的服务平台，做到公益性和商业性的有机统一。弗劳恩霍夫协会即弥补了德国中小企业的创新不足，让大量中小企业能够与技术前沿接轨，并以相对较低的成本获得原创性技术和解决方案。

二、新型研发机构面临机制创新难的基础性约束

新型研发机构做到"三个有利于"需加快实践探索，重点是转机制。我国的一部分新型研发机构中，有的投入过多资源走从研发到产业化的一体化发展道路，为了提升前沿基础研发实力而逐步向事业单位转变；有的为了生存投入大量资源探索市场化道路，弱化了基础研发能力和中小企业创新服务功能；有的只是面向少数大企业服务，在促进创新要素与引领未来的高技术市场有效对接、供应链有效对接方面存在不足。新型研发机构名为新主体，却是在传统科研管理体制下发展，面临基础性约束，只能进行有限的机制创新。机制层面的基础性约束主要体现在三个方面。

（一）政府管控不明确

政府鼓励新型研发机构"突出体制机制创新"，但并没有采取与新一类科研主体身份相适应的、有别于传统的科研管理制度。新型研发机构本质上仍然是研发单位，只是在形式上采用市场化、企业化的方式运行，实际上与传统研发机构遵循的是同一套科研体制。例如，有政府投资的新型研发机构，其成果转化项目如果涉及国有资产往往要采取与传统研发机构相同的审批制度，影响了创新活跃度。新型研发机构中有政府投资的不在少数。新型研发机构要突破世界前沿技术，首先要保障设备器械和信息系统的及时更新，但多家新型研发机构反映，采购硬件设备和软件系统需要遵循固定资产管理制度，必须等设备到了报废年限才能更换，降低了创新灵活性。此外，国家对新型研发机构的科研经费使用也没有采取有别于传统研发机构的灵活方式。传统机构存在已久的科研项目财政经费使用问题，包括不能用于提升

科研软实力、不能跨年度使用等，新型研发机构同样需要面对。

政府管控不明确还表现为政策引导性不强。2019 年科技部的《指导意见》关于新型研发机构的定位比较全面，几乎涵盖了科技创新的所有环节，但也显得有些笼统，对以市场化、企业化方式运行的新型研发机构而言是很难实现的。而且，《指导意见》中也没有强调新型研发机构服务中小企业创新的重要性。创新链条主要有基础研究、应用基础研究、产业共性关键技术研发、科技成果转移转化和研发服务 5 个环节，不同类型的研发机构活跃于不同的环节。大学和科研院所是前两个环节的主要参与者，企业研发机构是后两个环节的主要提供商。新型研发机构重点是依托基础研究实力，致力于补齐传统研发机构的应用研究短板。弗劳恩霍夫协会也从事涵盖基础研究、应用研究、开发研究的全周期研发，但宗旨很明确，就是"推进应用研究的发展"，对本国中小企业创新作出了巨大贡献。

（二）研发资金支持机制不完善

针对新型研发机构的资金支持种类多，但支持机制并不完善。目前，新型研发机构资金主要来自三个方面，均有局限性。一是政府与社会初始投资，主要用于启动期的场地购置、设备采买和人员吸引，并不覆盖正常运营后的创新支出。二是国家财政拨付，通常是从地方政府的创新激励政策中获得资助，但金额有限、周期短、稳定性低，不能支持长期性的重大科研攻关。三是通过承接政府课题、企业项目以及从事科研成果转化获得竞争性收入，受市场运行状况和研发机构自身科研周期影响，波动性较大，难以满足日常性的基础开支；具有专用性，不能支持研究人员独立开展研究，探索技术创新前沿；而且容易影响研究立项，引起研究方向短期化。此外，研发支持资金很少涉及新型研发机构的公益服务，例如支持面向中小企业开展关键核心技术创新服务。这类服务属于行业共性技术研发，通常采用平台服务的模式，具有一定的公益职能，但没有专门的资金支持。

专栏3.1　财政资金支持产业技术创新的主要模式

1. 政府采购模式

政府采购作为推动技术进步的一个政策工具，不仅因为政府是先进技术产品的主要购买者，而且当政治目标成为政府的主导目标时，采购的成本考虑有时居于次要地位，而性能考虑居于首要地位，最明显的例子就是国防领域的政府采购。政府订单不仅倾向于集中在高性能的产品上，而且往往是在创新生命周期的早期阶段。2020年《中华人民共和国政府采购法（修订草案征求意见稿）》中，首次将支持创新纳入了政府采购的政策功能之中。该模式是激发技术创新的一种途径，但是难以支持技术创新的系统性需求。

2. 政府补贴模式

支持产业技术创新的政府补贴主要表现为研发补贴。研发补贴是为了缓解企业开展研发活动存在的外部性问题，降低研发风险，激励企业开展研发活动，政府采取的无偿给予企业资金支持或非资金支持的方式。根据补贴方式的不同，激励企业技术创新的财政研发补贴可以分为两种，分别是直接补贴和间接补贴。其中，直接补贴是指政府直接出资对企业的研发项目进行补贴，具体形式包括科技项目经费、专项基金、后补助等；间接补贴包括为促进企业开展研发活动出台的税收优惠政策、财政贴息以及划拨非货币性资产等。政府补贴可以直接缓解企业资金紧张的状况，但是由于信息不对称，也易导致针对性不强、使用效率不高等问题。

3. 注资模式

该模式下，政府直接注入资金支持产业技术创新。充分发挥企业作为技术创新的主体地位和主导作用，政府作为创新组织者发挥引导推动作用，以关键核心技术攻关重大任务为牵引，向企业创新组织投入创新资源。但是，注资规模往往受到财政预算限制。

4. "揭榜挂帅"模式

"揭榜挂帅"是一种瞄准现实需求痛点，以解决市场需求作为科技创新活动的初心和归宿，利用市场竞争机制激发创新活力的一种新型组织机制。"揭榜挂帅"的"榜"是企业或社会的客观需求，通过张榜，提高科技创新的针对性、精确性和时效性，实现了通过需求倒逼科技创新；"帅"是组织内外能够解决问题或者突破核心技术的关键人才，体现了新的选才思想。与其他组织方式相比，"揭榜挂帅"的优势在于：支持内容上聚焦关键共性技术难题；揭榜对象的选择上秉持"英雄不问出处，谁能干谁来干"的原则，具有不论资质、不设门槛、选贤举能、唯求实效的特征；体制机制上相对灵活，需要系统的制度体系与之配套。但目前的实践情况与政策初衷有所偏离，存在一定程度的形式化问题。

5. "赛马制"模式

"赛马制"即一个课题多个团队，不同路径同步攻关，在相互竞争中，增加成功概率。"赛马"式的攻关有利于发挥"揭榜"制的优势。针对同一悬赏标的，允许2～3个牵头单位同时立项。项目前期，实行平行资助；过程中，定期考核，优胜劣汰；项目后期，聚焦优势主体，最终审核验收。以我国新冠疫苗研发为例，有关部门确定了灭活疫苗、腺病毒载体疫苗、重组蛋白疫苗等多条技术路线，每条技术路线背后都有若干团队进行攻关，提升了新冠疫苗研发成功率。但是，从资源有效利用的角度，该模式仅适用于特定领域和阶段。

6. "点将配兵"模式

"点将配兵"是指在项目、资源都明确的条件下，由知人善任的领导者在众多科技人才中，选择科技"将才"来发挥领军作用，并为"将才"配备或由其自主遴选一定数量的科技人员和科技资源开展重大任务攻关的科技组织模式。其主要优势在于，能够打破既有的人才和资源的条块约束，在对科学家一贯的创新表现进行综合性评价的基础上，以最精准、最快速的选拔机制确定科技领军人才，减少无序竞争带来的人才消耗和资源浪费。在"两弹一星"工程实施中，正是这种"集中力量办大事"的举国体制，使我国在困难条件下仍实现了举世瞩目的科技成就。从实施的角度看，该模式不具备普遍性。

7. 首席专家负责制模式

首席专家负责制是首席专家围绕科研规划组建研究团队，在项目内部具有充分的人、财、物支配权，并对项目研究过程和研究成果负责的一种科技项目组织模式。以项目制为基础，引导首席专家聚焦服务国家、区域重大战略需求，聚焦解决重大问题、产出重要成果、汇聚科技人才。首席专家需要责任感强、组织能力强。它是一种典型的人才、资源集中型研发模式，体现了"大科学"的特点，有助于克服人才队伍的无序竞争、项目设置的利己主义倾向和资源配置的"撒胡椒面"现象。从全局视角看，该模式下资金投入的风险较大。

资料来源：江苏省产业技术研究院。

（三）人才激励机制不到位

新型研发机构吸引了大批创新型人才，但人才激励并不充分，在步入发展期后更为凸显。新型研发机构俗称无级别、无经费、无编制的"三无"单位，有不受传统约束的灵活一面，同时也不能享受体制内的人才激励政策。新型研发机构无法提供大学和科研院所能够提供的非物质激励，包括稳定编制、自由工作时间以及职称所带来的学术和社会地位、教育和医疗保障等。不仅如此，新型研发机构还会因为财力不足，无法给研究人员承诺市场化的回报。大企业往往可凭借集团实力给内部研发人员开出高额薪酬。调研发现，新型研发机构招聘智能技术人才，难与大型平台类企业竞争。

三、新型研发机构体制机制改革的启示与建议

新型研发机构经过数十年改革探索，成绩令人瞩目，为扩大和深

化科技体制机制改革提供了宝贵启示，同时，当前关键性问题需要有政策方面的系统突破。

（一）启示

一是聚力前沿性、突破性先进技术。切实掌控关键核心技术话语权，不单把目光局限在当下的热门技术上，而是着眼于长期性的下一代技术，致力于做本国乃至世界范围内的创新高地。前瞻性技术是实现产业升级和全球竞争力飞跃的关键所在，但是往往伴随着高风险，很多企业不愿意为之孤注一掷。而高校研发机构则可以填补这一空缺，将长周期研究作为自己的重要定位，从事属于未来的研究。

二是创新引人用人机制，重视优秀人才的引进。加快集聚全球高端创新资源，努力增创高端人才引领新优势。创新发展本质上是人才引领发展。相对于老牌科研院校和国外的高校研发机构，国内新型研发机构在成立之初名气不高，根基不厚，对人才的吸引力较弱，因此创新引人用人制度，不断引进海内外优秀人才就成为重中之重的工作。新型研发机构把集聚全球创新资源特别是领军人才摆上首要位置，着力集聚培养战略科学家、科技顶尖人才、前沿技术创新团队、卓越工程师、大国工匠、高技能人才，精心打造创新人才矩阵，形成高端人才引领创新独特优势。实践表明，越是前沿技术创新，越是需要集聚全球高端创新资源，构筑顶级人才高地，真正实现以高素质人才引领高质量发展。

三是精心营造高品质创新软环境，持续完善创新主体建功立业生态圈。高品质创新生态圈是推进科技自立自强、发展新质生产力的根本依托，必须加快形成与中国式现代化相匹配的新质生产关系。首先，政府提供有边界的支持。各新型研发机构在初创时期都接受了来自政府的支持，但政府支持是有边界的。一方面，政府会逐渐减少资助额度，鼓励和督促科研机构自主承担项目，参与市场竞争，获得更多经营性收入；另一方面，政府通常不会给科研机构设置主管部门，不干涉新型研发机构的决策和日常管理。当然，这不意味着政府完全不参与新型研发机构的运行事务，只是在方式上有所创新——即不通过行政命令干涉，而是派代表加入理事会、执行委员会和咨询委员会，与各界成员协商讨论，共同决策。其次，推动科研和资本的结合。得益于中国金融市场的不断完善和资本的日益充裕，国内新型研发机构大都注重借助资本的力量来推动成果转化，促进科研和资本的结合。实践表明，必须纵深推进科技创新体制机制改革，打造政府和市场齐头并进双引擎，真正使市场在配置资源中起决定性作用，更好发挥政府作用，构建国际一流创新生态，全面提升创新软环境，充分激发全社会创新创造巨大活力。

（二）政策建议

新型研发机构从应用创新发力，将世界前沿技术与我国超大规模市场对接，对实现产业链供应链自主可控意义重大。我国新型研发机构发展不充分，亟须破解定位、资金和人才的基础性机制问题，否则难以充分体现"三个有利于"的创新价值。近年来，以院所为代表的传统研发机构也在积极促进科技成果产业化，并取得了较好成效。新型研发机构要真正做到"三个有利于"，必须突破机制创新难点。

一是将新型研发机构明确为高技术服务业，重点支持有政府出资的机构搭建服务于中小企业的产业共性技术研发和应用平台，享受高技术服务业的相关支持政策，例如税收减免政策等；借鉴弗劳恩霍夫协会为中小企业提供技术支撑的成功经验，衔接"十四五"期间我国启动实施的中小企业创新能力提升工程，将新型研发机构孵化项目纳入培育"专精特新"企业、"小巨人"企业和"隐形冠军"企业的政策体系之中；鼓励有政府出资的新型研发机构发展成为有利于中小企业应用创新的平台化组织，承担更多公益性职能；引导创新平台联合整机龙头企业，在全球范围内集结创新资源，重点面向中上游的中小型供应商开放平台服务，促进科研与市场有机结合，形成网络化的行业创新共同体，加速强链补链。

二是创新科研管理制度。可考虑以获得认证的新型研发机构为试点，解决长期困扰科技创新的管理难题。强化新型研发机构技术转化能力，落实科研人员技术入股的鼓励政策，重点推进国有资产转移转让管理、技术成果评估作价等系列配套改革，畅通创新成果产业化和市场化的渠道；提升政府服务效能，建立绿色审批通道，在大型科研设备更新、成果转化审批程序简化、专利转让办事效率提升等方面取得更大突破；着眼于巩固基础研发能力，立足新型研发机构高技术服务业的定位，优化财政经费管理制度，提升首笔经费的支付比率，并开展经费跨年度使用审核，允许当期经费跨年度使用。

三是完善研发资金支持机制。各级政府对新型研发机构的资金支持主要集中在起步阶段。为避免基础能力弱化，设计好新型研发机构正常运营后的保障机制非常重要。弗劳恩霍夫协会已成立70余年，各级政府拨款、各级政府项目资金占全年资金来源总额的比重仍然分别超过36%和29%，合计超过65%。德国对弗劳恩霍夫协会的支持较为传统，我国可以在借鉴的基础上进行创新。建议优化项目制，各级政府向新型研发机构委托项目从以3年以下的中短期为主，转变为以3年以上中长期科研项目为主，重点支持前沿领域的基础性技术创新；对参与中小企业创新服务平台的行业整机龙头企业实施市场激励，稳定中上游中小企业供应商的市场预期，对以服务平台为载体参与行业创新共同体的中上游关键核心技术供应商提供政府创新资金。

四是建立与新型使命相适应的新型人才制度，重点突出正向激励。出台有利于引人留人的新型人才制度，支持地方政府建立专门服务于新型研发机构人力资源的政府服务平台，统筹规划新型研发机构优秀研发人才的生活保障；简化新型研发机构的职称评审制度，让优秀人才具有清晰的成长路径；支持新型研发机构配置工程系列岗位，强化技术转化阶段的应用创新；鼓励新型研发机构的创新人才依托技术成果创新创业，为其提供资金、咨询、信息等政府服务。

第四章
江苏省产业技术研究院推进科技体制机制改革的实践案例

　　为推动科技创新引领产业创新，促进应用技术与市场需求深度融合与对接，江苏省产业技术研究院以服务技术成果转化、打通创新链为导向，秉持"不与企业争产品之利，不与高校争学术之名"的原则，以自身为"纽带"，通过促进科技成果转化的体制机制创新，整合高等院校、科研院所、海内外研发团队等多元研发资源，统筹政府与市场的创新资源要素，将政府引导和扶持作用发挥到实处，将"好钢用到刀刃上"。

　　产研院针对技术转化机制中存在的共性问题积极主动探索，对接市场与科研，发挥大平台的支持功能。坚持以科研人员为核心，在人员激励机制、资源配置及收益机制、技术方向筛选决策机制、资金筹集及利用机制、运营及服务模式等方面大胆创新，以团队控股机制解决创新激励和科研自主权问题，保障科学家能够长期在优势领域攻坚克难，以"拨投结合"投资项目解决初创时期风险投入的问题，以技术遴选、团队遴选、项目经理人辅导、企业共建联创中心等形式，提供专业精准的科研公共服务。

　　其中，专业研究所是产研院体制机制创新的重要载体。产研院围绕信息技术、先进材料制造装备、生物医药、能源环保以及综合领域，联合国内外百余家专业细分领域科研机构，成立专业研究所。专业研究所按照"多方共建、多元投入、混合所有、团队为主"的模式建设，并自负盈亏，以企业实体进行市场化运营。专业研究所通过技术转让及服务，或科技产品市场化实现营收，同时兼具公共研发服务平台功能。产研院通过财政资金补贴、绩效考核奖励等方式，引导和保障专业研究所，深入开展共性、关键核心技术攻关，打造成为行业成果转化平台以及细分领域研发机构及企业的孵化器。此外，在产研院的政策扶持和平台服务支持下，专业研究所形成"研发—市场转化—研发"的良性循环，逐步从"接受输血"到"自我造血"，再到辐射行业及区域发展的快速成长。对于具有风险性高、周期长等特点的前瞻性、引领性、颠覆性创新项目，产研院建立了与团队风险共担、利益共享的"拨投结合"机制，以解决市场融资难、研发团队话语权难以保证以及"失败谁来承担风险、成功如何确定收益"等问题。

在实践探索中，产研院遵从研发规律、市场规律，通过相对灵活的机制，为不同单位性质的合作主体提供支持和服务。各专业研究所及共建企事业单位，依托禀赋优势，发展成为功能有差异的创新实体，产研院也逐步形成独具特色的创新生态体系。

首先，从高校衍生的专业研究院，在专业研究所中比例最大。高校是我国创新体系的重要一环，其研发人员基础雄厚，是新技术和研发人员的"蓄水池""储备池"。但是，从成果转化的角度来看，存在技术研发与产业需求"两张皮"现象，研发成果与市场需求不匹配，不适宜产业化，造成成果转化困难。现有的纵向经费拨付制度倾向基础研究，高校的研发往往较为基础，研究周期长，转化风险较高，难以承担大额经费投入。另外，高校较之企业，成果产权不明晰，管理体系复杂，对成果转化形成一定制约。产研院联合地方政府及园区平台，以"团队控股"方式，给予团队充分的研发话语权，并拨付较充足的科研启动资金，支持科学家长期潜心开展研究，研发了一批国内外领先的尖端技术，获得了良好的社会和经济效益。例如，江苏省产业技术研究院精密与微细制造技术研究所在经过混合所有制改革后，确定了带头人及团队核心成员的科研主导权，明确了研究方向、坚定了研发信心，在得到产研院的经费支持后，得以全身心持续投入人力、财力进行研发。经过几年努力，在精密与微细制造技术领域取得了多项国内外领先技术突破，获得国内外市场认可，技术研发产品带来可观的经济效益，为后续提升科研能力奠定基础。

其次，科研院所是产研院专业研究所的重要来源。我国科研院所研发体系较完备，覆盖面广，但是，传统事业研发单位在技术转化中面临如何均衡把握人员激励与风险防控的难题，过于强调风险，容易使研发团队失去活力，反之，又容易风险过高。同时，科研院所在成果转化中，涉及国有资产管理、知识产权处置等方面的难题，如成果转化失败导致的国有资产流失、转化成果后的收益分配等。产研院以股权激励的方式，保证团队的积极性并形成利益绑定，可以从主观上平衡积极性与风险防范，同时促进技术产业转化。从科研院所衍生出来的专业研究院，其平台和孵化功能最为显著。例如，江苏省产业技术研究院先进激光技术研究所，其在激光领域的技术优势明显，在产研院的服务和机制赋能下，孵化出一大批新技术和新企业。该所内部组建多个研发团队，全程负责技术研发和成果转化，团队主要由从事市场对接与研发的人员组成，既能及时了解市场需求对接研发，又能推动研发走向市场。技术成果成熟后，孵化企业通常有两种方式，一种是引入社会资本直接转让技术成果，研究所不参股或部分参股，另一种是以研发团队为主体直接设立企业，通过融资开展经营并发展壮大。另外，技术团队和技术成果同步成熟与转化，两种方式人员都会参与企业的持续研发，以确保成果转化成功。因此，专业研究所不断向市场输送成熟的技术人员和团队，同时，技术成果转化机制不断推动技术和人员迭代成长，形成良性循环。

除了高校及科研院所外，一些行业龙头企业在技术应用方面具有较强研发能力，尤其是海外研发机构及行业领先的企业具备行业关键技术的研发能力。缘于市场快速增长机遇及产业转型发展需要，该类机构开展科技研发时，往往筹集创新资源的能力不足，在支持政策申请、相关手续审批、园区落地、科研启动经费筹集、项目申请、公共服务保障等方面存在一定困难。产研院通过建设专业研究所及"拨投结合"项目支持的方式，对其薄弱环节给予帮助。例如，江苏省产研院半导体封装技术研究所在产研院的支持下，构建以企业为主体的"政产学研融用"六位一体协同创新机制，集中力量研发"2.5D TSV 硅转接板制造及系统集成技术"，成功实现国产化替代，现已成为全国领先、国际一流的半导体封装先导技术研发中心、国产设备验证应用重要基地。又如，产研院支持海归团队发展第三代半导体新材料，支持技术团队掌握企业主导权开展研发，并试行了首个"拨投结合"机制的重大项目，为研发解除后顾之忧，解决研发初期投资资金需求大及回报周期长的难题，推动核心关键技术实现突破。

专业研究所和"拨投结合"项目是产研院机制创新的重要体现，其具体做法值得深入探讨及参考借鉴。

案例一：担当长三角先进材料一体化技术创新先锋

——长三角先进材料研究院创新实践与启示

先进材料是国际高技术竞争的关键领域，也是我国高新技术产业的先导和高端制造业的基石，是制造业强国战略实施的基本保障。2019 年 12 月，江苏省联合中国科学院、中国宝武钢铁集团和中国钢研科技集团共同发起建立长三角先进材料研究院（以下简称"长材院"），并吸纳长三角区域材料领域优势研发机构和龙头企业参与共建。长三角先进材料研究院的建设，旨在打造材料领域国际一流的新型研发机构和国家级材料创新基地，系统提升材料行业整体研发水平，从根本上解决材料"卡脖子"问题，形成材料重大原创成果，支持和引领我国未来科技与产业发展。长材院深耕材料科学领域，采用理事会领导下的院长负责制，事业单位和企业"双轮驱动"，"一体化"的运行模式，专注于创新资源引进、重大研发项目组织、产业技术研发、公共技术平台建设、企业孵化等。集萃新材料研发有限公司为研究院市场化运行主体，由江苏省产业技术研究院有限公司控股，专注于成果转化、项目投资、分析表征平台市场化运营等。

建院以来，立足长三角、面向海内外，联合全国材料领域龙头企业、高校、科研院所，集聚多位院士等国内外顶尖科研团队，着力打通材料科学到技术转化的关键环节，构建集研发载体、产业需求和创新资源于一体的产业技术创新体系，营造人才、金融、空间等要素组成的开放式创新生态，成为长三角先进材料一体化技术创新的先锋。

　　——从国家急迫需要和长远需求出发，有效解决了重点领域的一些急难问题。长材院聚焦影响国家发展的战略性产业、影响未来发展的科技制高点及影响国家安全的战略性产品，通过涵盖材料科学、材料制备加工科学与技术、重大领域用材与部件以及公共平台的全链条贯通式研究体系组织科技攻关。例如，在国家战略结构材料研发方面，突破了航空发动机单晶叶片制备技术，解决了国内航空发动机大修的战略急需问题，为新一代航空发动机研发提供解决方案。开发航空航天及轨道交通等领域"用得起、用得好"的先进复合材料结构制件，将低成本一体化成型工艺及整体化结构设计理念应用于碳纤维复合材料制件产品生产，推动国产碳纤维的大规模应用，通过了多个重大型号的考核验证，助推战略装备性能提升。面对高端仪器受制于人的局面，完成了超级表面电子显微镜首台原型机的开发，实现了高分辨光电子能谱仪、X射线显微镜及原位表征装置的国产替代开发及产业化。仪器技术指标对标国际先进水平，突破了相应领域的高端仪器设备"卡脖子"问题。

　　——以开放共享的理念保障基础研究和应用技术研发，有效建成了区域性高水平技术创新服务平台。区域性技术服务中心材料分析表征平台、材料大数据平台已初具规模。分析表征平台通过了中国计量认证（CMA）、中国合格评定国家认可委员会（CNAS），取得国家航空航天和国际合同方授信项目（NADCAP）资质，面向材料领域提供一站式分析测试服务。累计服务科研院所、企业千余家，完成检测任务8000多项，积累了大量案例，为客户解决诸多"卡脖子"问题。材料大数据平台建成国内首个材料数据卡库，包含5万张材料卡，数据超过100万条；完成材料连接大数据智能设计、通用结构疲劳等5套工业软件基础模块开发，为企业、高校院所等提供由材料大数据驱动的服务 30 余项，为长三角乃至全国制造业的数字化升级与转型作出了贡献。

——通过共建企业联合创新中心，直接推动企业孵化，有效实现了前沿技术的产业化应用。长材院全面推进与先进材料及其应用领域龙头企业的合作，在与企业联合创新方面，成功对接需求 150 余项。其中，与无锡派克新材料科技股份有限公司的合作解决了航空发动机用大型金属环轧件对残余应力演化和调控的技术需求，破解航空重点装备"卡脖子"难题，有效提高性能和材料利用率。长材院若干重点项目已孵化成立公司，其中苏州华萃仪器有限公司实现高分辨光电子能谱仪的国产替代，开发了核心部件半球形能量分析器；微旷科技苏州有限公司开发了具有自主知识产权的多功能 X 射线显微镜及原位环境装置。

长三角先进材料研究院成立 5 年多来，逐步成为长三角先进材料一体化技术创新先锋，成绩来之不易。其做法主要表现在以下几个方面。

一是创新管理运行机制，形成联合创新"策源地"。长材院作为省属事业单位，无行政级别，实行理事会领导下的院长负责制，相较于产研院本部，更加深耕于材料科技领域，成立了由多名院士专家组成的专家咨询委员会，从顶层设计、战略研究等方面给予指导。研究部分涉及金属结构材料、功能材料、前沿材料以及材料大数据等八个方向，有管理材料分析表征、材料制备加工中试等三大公共平台。创新管理运行机制，建立"1+N+X"的组织架构（"1"是指长材院本部，"N"是指 N 个专业研究所，"X"是指 X 个企业联合创新中心）。院本部依托事业法人作为国有资产、政府资金的承载主体，引进创新资源、组织重大研发项目、建设公共技术平台、孵化企业，推动材料领域重大科技成果转化。各专业研究所、企业联合创新中心负责细分领域技术研发。同时成立集萃新材料研发有限公司，作为长材院市场化运行主体。运用"一所两制""合同科研""团队控股"等一系列创新举措和激励机制，不断完善、优化事业单位和企业两个主体、两个体制下的管理体系，充分发挥了两种体制的优势，持续激发科技创新活力。

二是创新资源集聚模式，形成高端化、国际化、多元化创新"强磁场"。长材院以"人才＋项目＋平台"的引育模式，集聚了低能电子显微镜发明人 Ernst Bauer 教授，以及国家重点人才计划获得者陈志平、刘飞扬、石功奇、金平实等一批高层次人才。2020 年，长材院与浙江大学、上海交通大学、南京大学、中国科学技术大学等多家高校组建长三角高校先进材料创新联盟，针对周期长、失败率高的前沿基础科学，如材料物理、材料化学、材料力学、材料数据与基因等领域，面向高校及材料领域国家重点实验室，提供资金支持研究人员在申报领域范围内自选方向自由探索，推动增强优势资源集聚效应，助力我国材料基础研究和原始创新领域实现重要突破以及优质成果转化。2022 年，牵头成立苏州市先进金属材料产业创新协会，积极与上海、昆山、无锡、镇江、象山等金属材料产业聚集地区开展交流互动，实现跨区域优势互补、错位发展。通过与地方政府合作建设专业研究所，与行业龙头企业联合打造创新中心，与社会资本联合设立专项资金池，集聚优势资源打通材料科学到技术转化的关键环节，推动科技成果从"实验室"走向"生产线"，促进创新链、产业链、资金链、人才链"四链"深度融合，赋能材料产业高质量发展。

三是创新人才培养模式，打造"教育、科技、人才"三位一体"孵化器"。以产业需求为导向，挖掘与梳理市场需求，通过在学科设置、培养方式、课程安排、导师选聘、评价体系等方面全方位引入新机制和新资源，实现课题来自企业，联合培养人才参与课题攻关，最后成果服务企业。长材院与西交利物浦大学、南京航空航天大学、北京科技大学等 18 所高校的 22 个院系签署联合培养协议，联合培养研究生累计 600 余名，切实提升人才培养质量和解决实际问题的能力。为进一步探索新时代卓越工程师创新培养模式，吸纳国内外顶尖高等院校以及中国科学院的优质资源，提出创建新型"非全过程培养"大学——集萃理工学院，构建集项目孵化、资源共享、人才培养于一体的"教育、科技、人才"技术创新体系，成为产研院首批综合改革试点单位。目前已联合培养研究生 95 人，其中博士 33 人，硕士 62 人。

案例二：勇当激光技术创新成果转化应用排头兵

——江苏省产业技术研究院先进激光技术
研究所创新实践与启示

激光技术是高端先进制造的硬核技术，在制造强国建设中具有重要作用。江苏省产业技术研究院先进激光技术研究所（以下简称"激光所"）是由中国科学院上海光学精密机械研究所（以下简称"上海光机所"）和南京经济技术开发区于 2013 年共建的新型研发机构，2015 年正式加盟江苏省产业技术研究院。依托上海光机所的技术和人才资源优势，成立以来，坚持"专业研发机构＋孵化器"总体定位，聚焦激光与光电产业发展，攻克了一批"卡脖子"技术难题，实现了若干关键核心部件的"国产替代"，培育了一个高成长性的激光与光电产业集群，在长三角科创一体化方面作出了有益探索，成为激光技术成果转化应用的排头兵。

——形成了一批有自主知识产权的核心技术成果。累计承担及参与激光和光电领域重大科研项目 43 项，其中国家重点研发项目 4 项。近 3 年，承担横向科研项目 600 余项。累计申请知识产权 364 件、获授权 218 件，其中专利合作条约（PCT）授权 1 件、发明专利授权 87 件，形成了包括全固态激光器、激光加工装备及工艺、激光与光电检测、激光显示等领域的一批核心技术成果。全面突破一批激光装备技术瓶颈，解决了"卡脖子"的关键技术难题。

——培育了一批有市场竞争优势的创新主体。累计培育孵化科技型企业60家，其中，国家专精特新"小巨人"企业2家，省级专精特新中小企业2家，高新技术企业21家，规上工业企业5家，科技型中小企业29家，南京市创新型中小企业9家，省市"瞪羚"企业、"独角兽"企业4家。2022年，激光所及孵化企业总产值突破10亿元，累计吸收社会风险投资近6亿元，其中部分优质孵化企业经过几年的发展已经成长为行业领军企业、隐形冠军企业，如南京牧镭激光科技有限公司、南京煜宸激光科技有限公司、南京海莱特激光科技有限公司等。

——打造了一批有引领示范作用的创新平台。建成江苏省智能激光制造科技公共服务平台、"江苏省智能激光制造工程研究中心"、"南京市全固态激光工程技术研究中心"、南京市先进激光重点实验室（培育）等研发平台或实验室6个。各个专业化科研平台重点围绕高端激光装备及工艺、全固态激光器、光电检测、激光显示等方向的产业共性和关键技术需求布局研发，现已形成国内一流的激光技术研发平台体系。

先进激光技术研究所取得的创新成果对我国推进高端先进制造产生了积极的影响，其主要做法表现在以下几个方面。

一是着力构建灵活高效的创新机制。激光所一直采取企业化运作，坚持市场化配置科技资源，开展多项体制机制创新。科技资源配置以产业技术贡献为考评标准，不看论文，不评职称，不论年龄、资历和学历，形成"海阔凭鱼跃、天高任鸟飞"的良好科研氛围，充分激发科研人员的创新创业积极性。2015年加盟产研院时，先进激光技术研究所包括了南京先进激光技术研究院（自收自支地方科研事业单位）和南京中科神光科技有限公司（全国资国有企业）两个法人主体，两个法人主体整体被江苏省编办认定为先进激光技术研究所。"一院一企""一班人马、两个牌子"的组织架构为研究所科技成果转化、孵化科技型企业提供了便利，推动了以研究所为核心的激光产业创新生态体系的打造。2021年12月，在产研院、中科院上海光机所、南京经开区管委会的大力支持下完成改制，按照"多方共建、多元投入、混合所有、团队为主"的创新模式，成立了团队控股的混合所有制科创载体——江苏集萃激光科技有限公司，成功实施股权激励机制，为激光所新一轮发展奠定了重要体制机制保障。为支持国内领军人才创新团队创业、创新领军型企业内部新业务裂变，在产研院特有的"股权激励"理念的引导下，支持核心团队实施股权激励机制并作为大股东，如牧镭激光、中科煜宸激光等企业均为激光所孵化企业且实施了股权激励机制。

二是着力开展关键核心技术联合攻关。激光所抓住装备制造业绿色化、智能化的发展趋势，结合自身优势，重点发展先进的智能激光制造工艺与装备。2011年，联合南京航空航天大学材料学院、上海航天设备制造总厂有限公司、成都飞机工业（集团）有限责任公司3家单位，开展"航空航天轻合金大型复杂结构精准激光焊接技术与装备"项目联合攻关，突破了激光焊接技术与装备应用于大型客机、战斗机、运载火箭等型号中存在的焊缝元素烧损与气孔缺陷较多、应力与变形难以控制、光—机—电融合程度低等难题，项目于2021年完成并获得当年江苏省科学技术奖一等奖。2022年，联合我国工业视觉设备制造商龙头企业、南京航空航天大学"空天集成电路与微系统"工信部重点实验室，围绕半导体制造前道测量流程中套刻误差（Overlay）、关键尺寸（Critical Dimension）、膜厚（Film Thickness）等关键参数的量测启动联合技术攻关。该项目有望3～5年在融合测量光路、关键测量算法、整机装备研制上取得关键性突破，技术水平达到世界一流并实现整机装备国产替代。

三是着力打造高素质创新人才团队。激光所培养人才双管齐下。团队打造方面，现有硕博员工40余名、占比33%，专职研发团队人员120名、占比近80%，集聚了各级创新领军人才20余名。其中，核心研发成员牵头研发的多项激光关键核心技术项目在多个国家重要项目及企业中成功应用。人才培育方面，打造集职业规划、培训交流、奖励创新于一体的成长体系，以业务为基础不断优化资深员工和新进人才的职业发展路径，通过顶岗实践、项目管理、奖励创新等方式鼓励引领人才创新，以举办"光创荟大讲堂""光创荟员工沙龙"等培训活动为重点，推行持续学习和成长的机制并取得较好效果。

四是着力推进科技创新成果转化应用。激光所雄厚的专业服务实力不仅为企业创新提供科技支撑，更显著提升了以上海光学精密机械研究所为代表的多家院所单位的科技成果转化率。一方面，依靠光机电领域专职研发团队和高水平技术研发平台，通过"合同科研"为企业提供技术服务，年均服务企业100余家。受苏州某上市企业委托，研发其产品中光电核心部件，现已实现批量供货，打破该企业"进口依赖"困局，助力其实现产品核心部件国产替代。另一方面，成功探索出"一次买断、二次开发、多方合作"的科技成果转化新模式，使得高校院所原先多项难以转化或沉睡的科技成果，在进行"二次开发"后成功转化。上海光机所研发的多普勒测风激光雷达技术通过"二次开发"，使得激光所孵化企业——南京牧镭激光科技有限公司增强了技术实力、成功获得融资并因此快速发展。

五是着力参与长三角一体化技术创新。激光所充分利用中科院上海光机所这一光电领域重大创新成果策源地的技术优势，以沪苏浙皖为激光所产业技术服务腹地，联合共建产业技术创新载体，基本实现创新平台在长三角三省一市的全面覆盖，现已成为产研院长三角科研一体化的典型案例之一。在芜湖繁昌投资成立安徽中科春谷激光产业技术研究院，与奇瑞汽车共建"先进激光联合实验室"，重点解决高端激光装备及工艺等在汽车领域中的关键和共性技术问题。参与组建浙江省激光智能装备技术创新中心（浙江摩克激光智能装备有限公司），围绕高功率激光智能制造系统、激光精密制造成套装备、高性能激光器与光电器件等三大研究方向开展关键技术攻关。

案例三：勇当航空航天精密制造核心技术突破尖兵

——江苏省产业技术研究院精密与微细制造技术研究所创新实践与启示

航空航天产业是我国高端制造业迈向深水区的重要阵地，是一个国家工业基础、科技水平和综合国力的集中体现，是强军强国的重要标志。江苏省产业技术研究院精密与微细制造技术研究所（以下简称"精密所"）由江苏省产研院、南京浦口经济开发区、南京航空航天大学人才团队共建，自 2017 年 12 月成立以来，始终践行"制造报国"的创业初心，秉持"科技成就梦想、创新引领未来"的发展理念，贯彻"精细、规范、主动、高效"的工作精神，坚持"不与高校争学术之名，不与企业争产品之利"，持续深化"四个对接"体制创新，从"装备研制—工艺研究—中试研发—应用推广"四个层面开展关键共性技术研发和科技成果转化，在关键核心制造技术方面取得重大突破，解决了航空航天领域复杂整体式零部件制造技术难题，成功应用于中国航天科技集团有限公司、中国航空发动机集团有限公司、中国航空工业集团有限公司等航空航天集团重点企业，打破了国外封锁，提高了我国航空航天装备自主可控能力，为国防和高端制造业作出了重要贡献。

——攻克航空航天关键核心制造技术难题。聚焦飞行器、发动机、燃气轮机、透平机械等高端装备先进制造领域，突破了航空发动机闭式整体构件组合电加工整体制造、超声振动辅助高效精密加工及超硬磨料钎焊工具、高精度大负载机器人与智能加工装备、高精度特种半导体激光芯片和光电模组等关键核心技术，成功应用于航空发动机叶片、闭式整体叶盘、带冠整体叶轮、径扩机匣、整体式扩压器、航空叠层结构振动制孔刀具与装备等关键产品的工艺攻关及生产，促进了航空航天产品制造水平的提升，为新中国成立70周年国庆阅兵重点装备提供了有力支撑。已累计申请专利88件（发明专利53件），授权专利57件（发明专利21件）。

——产学研用一体化创新发展硕果累累。截至2024年6月底，精密所研发运营团队共77人，场地面积9600平方米，拥有大型仪器设备90余台（套），设备总金额达11000万余元。累计申请专利88件（发明专利53件），授权专利60件（发明专利24件），累计营收近2亿元。引进南京叶航智能制造有限公司等10家企业，累计营收8500余万元，取得良好的经济效益。

精密所在航空航天领域取得技术突破，其主要做法主要体现在以下几个方面。

一是积极促进技术与市场融合。按照产研院的要求，精密所改制为由人才团队主导，南京航空航天大学、南京浦口经济开发区、产研院参股的混合所有制模式。强化创新资源供给方组成的董事会职能与责任，将人才、技术、场地、资本、设备、市场资源等创新要素有机融合，形成精准决策和高效创新机制相统一，有效保证研发团队拥有发展"话语权"，确保精密所将精力重点放在"技术构成复杂、研发周期长"的航天制造科技突破上。在产研院的创新生态内，实现了不靠学术带头人"头衔"争取科研资源，凭借技术"金刚钻"打开一片天地，驱动科技成果转化和产业化水平提高，赢得了行业影响力与口碑。以闭式整体结构件的整体制造技术为例，传统的"分体制造+焊接"制造方法难以满足新一代航空发动机气动和可靠性需求，精密所以提升技术创新能力和资源效率为核心，打通产业链、创新链、人才链、资金链，在国内首次解决多种新一代航空发动机径向扩压器、径扩机匣、静子叶环、带冠整体叶轮等典型闭式整体结构件的制造难题，及时满足我国重要武器装备研制和批产需求；积极将该技术向民用高端制造领域推广，成功用于多种医疗、透平机械产品，收到了提质增效和成本大幅下降的综合效果，签订合同 50 余项，金额达 1.62 亿元，经济和社会效益显著。

二是不断深化企业与高校融合。加强校企融合，推动科技成果转化与再创新，是新型研发机构需要探索解决的重要问题。精密所将高校基础研究及原创技术与市场需求及企业难题有机结合，进一步优化创新，并结合工程应用持续提高成熟度，大幅度缩减社会企业转化高校科研成果的周期，降低企业研发成本、加快新产品定型批产进度，提升企业竞争力。例如，南京航空航天大学研发成功适用于航空发动机硬脆难加工材料高效加工的超声振动加工技术与装备后，在产业化过程中遇到瓶颈。精密所利用"产学研用"优势，围绕航空航天装备企业产品瓶颈需求，进一步开展超声加工装备结构的设计与优化、加工稳定性验证、产品批量生产、客户现场调试等研发工作，开发出高性能、高质量、高可靠性的超声振动加工产品，应用于中国航天科技集团有限公司、中国航空发动机集团有限公司、中国航空工业集团有限公司等航空航天头部企业，不仅助力了精密所发展，也打破了西方国家对我国的技术封锁，对提升航空航天高端装备性能、增强国防实力、推动我国航空航天制造业发展具有重大战略意义。

三是着力推动人才与产业融合。新时代背景下的科技创新，对培育兼具工程实践能力的复合型人才提出了更高要求。精密所营造了

"不靠级别，靠技术能力"的管理价值观，依靠产研院与高校联合培养人才队伍，从制度上畅通人才向企业输送的渠道，打开了一切事务为技术研发让路的人才成长空间。通过江苏省企业研究生工作站、南京市博士后创新实践基地、南京市优秀科创实验室等平台，与南京航空航天大学、南京大学、扬州大学等联合培养"集萃研究生"，为学生提供接触科研平台和产业一线的机会，瞄准行业"卡脖子"难题，靶向实施科研成果企业化二次开发，铸造破解技术"密码"的"钥匙"，实现研究和人才培养同频共振。

四是加快推动自主创新与开放创新融合。精密所立足自主创新，建成江苏省航空航天领域工业设计研究院、"湖南省航空发动机复杂构件高效电加工工程技术研究中心"、"南京市精密制造与装备技术工程研究中心"等研发平台，以自主可控的创新成果助力航空航天领域核心关键制造技术发展。同时，加强国际合作，与德国埃马克（EMAG）集团深化共建"EMAG中德先进制造联合研究中心"，与瑞士乔治费歇尔（Georg Fischer，GF）公司联合成立"电加工技术研究应用示范中心"，与瑞典海克斯康集团联合建立"数字智能联合研究中心"，在电化学加工技术、精密电火花加工技术、精密加工测量应用技术等领域开展联合研究，不断寻求技术突破，逐步成长为在高端制造领域具有国际影响力的技术成果转移转化基地和应用示范中心。

案例四：争做科技创新成果转化时代标兵

——分子工程研究所创新实践与启示

分子工程是从分子层面对材料、功能分子和生物分子进行精准调控，是全球热门的前沿研究发展重要领域。分子工程研究所（以下简称"分子工程所"）2017 年 5 月由北京大学、产研院和常熟市合作共建，是北京大学与江苏省人民政府全面战略合作协议框架下合作规模最大、影响力最广泛的科技创新研发平台项目。分子工程所主要围绕新材料、新能源、生物医药、先进制造等领域开展应用技术开发与科技成果转化，通过植入北京大学化学与分子工程领域优质研发资源，并积极融入江苏省产研院"科技体制改革试验田"创新生态，在打造开放平台、引领产业发展、服务企业创新、高新技术研发、企业衍生孵化、科技成果转化等方面进行积极探索，为我国分子工程发展作出了积极贡献。

——"原创性"持续迸发，创新成果斐然。打造多方共建的新型产、学、研、用研发孵化机构是分子工程所的核心使命。分子工程所已成功与地方企业、研究院所、高校等建立紧密合作关系，有效整合了"政产学研用"上下游资源，开放性研发、孵化平台建设初见成效，取得了一批原创性、颠覆性科技创新成果。截至目前，已汇聚中国科学院院士、长江学者等国家级人才 12 人，博士 50 名以上，各层次人才 300 名以上；累计开展 30 余项产业化项目研发；申请专利 168 项（发明专利 95 项），授权专利 98 项（发明专利 35 项）；发表 SCI 论文

27篇。

——"硬科技"持续突破，优质产品频出。原创"硬科技""实体技术"的发展需要多年持续的技术研发投入和沉淀，投入大、见效慢，一般科研机构无积极性，而单独的中小型企业又无力完成。分子工程所成立以来，依托北京大学化学与分子工程领域强大的研发资源、北大校友优质的企业资源以及平台先进的模式，通过机制体制创新，致力于遴选原创成果，发展"硬科技"和"实体技术"，激发盘活"躺"在教授抽屉中的科研成果，使其服务于国家产业发展和实体经济转型升级。分子工程所在"硬科技""实体技术"研发方面连续取得重大突破，已开发出电化学发光小型化检测仪、中小型氢燃料电池供氢装置、新型氢燃料电池户外电源、稀土配合物农用转光棚膜、气相降解防锈薄膜等多种新产品，以及稀土配合物转剂、新型高性能特种涂料、新型储氢材料、铂碳燃料电池催化剂、新型锂离子电池材料、单分散磁珠等多种新材料。

——"产业化"持续腾涌，孵化企业倍增。分子工程所成功打造了具有"北大"特色的创新成果产业技术转化平台、高新技术产业加速孵化平台与公共技术研发和测试服务平台，为创新创业人才、项目和企业提供技术开发、成果孵化、检测检验、科技金融等公共服务，孵化和加速一大批中小科技企业成长，为产业经济发展提供"造血细胞"，持续推动产业转型升级。截至目前，分子工程所获评省级人才的有4名、集萃研究员的有12名、姑苏领军人才的有7名、常熟领军人才的有15名。分子工程所累计孵化62家企业，实现销售收入2.8亿元；其中由研究所技术转化孵化入股企业28家，10余家获得药明康德、红杉资本、经纬中国等知名创投公司投资，累计完成外部融资超过6亿元。

分子工程所取得的成绩来之不易，主要做法表现在以下几个方面。

一是狠抓机制创新，激发创新活力。坚持以推动产学研深度融合为导向，以实现科技产业无缝对接为目标，积极融入产研院"科技体制改革试验田"创新生态。突破传统校地合作机制束缚，建立以"团队控股、校地参股、公司化运营、项目制管理、理事会宏观指导"为特色的运行体制，充分发挥运营管理团队的主观能动性，运用股权激励机制，形成以贡献为基准的多级合伙人股权激励制度，实行企业化运作和市场化配置科技资源，激发全员创新活力和创业激情，加快推动科研成果快速走向产业化。坚持把产业技术研发能力与自我造血能力的持续提升作为分子工程所实现可持续发展的关键，统筹布局近期收益与长期发展，形成"脚下有路、胸中有梦、立足现在、放眼未来、科学施策、精准发力"的发展思路，对引领行业发展的新技术、新成果进行应用技术攻关、小试、中试放大，实现由实验室科技成果到产业化的顺利转化。与此同时，加强项目目标管理，实行阶段性进度管理和成本管理，控制风险，提高项目转化成功率，为分子工程所长期可持续发展打牢坚实根基。

二是突出市场导向，释放创业潜能。传统的科技成果转化模式依赖科学家单打独斗，存在缺乏产品意识、工程经验和市场思维等痛点，经验难以共享，硬件重复投资，转化成功率低。分子工程所针对上述痛点，坚持应用导向，强化应用以增加知识价值为导向的分配模式，始终强调面向市场需求，开展有组织的技术研发与成果转化，多层面、多维度培养技术团队带头人的市场敏感度和商业化思维，遴选市场发展前景好、引领行业发展的新技术、新成果进行产品化开发，努力提高技术研发的精准度和有效性，实现技术和市场有效结合、高效衔接。与此同时，分子工程所积极搭建应用技术研发和测试服务共享平台，提供技术开发、成果孵化、检测检验、科技金融等公共服务，为科学家创业提供针对性的支持，帮助科学家扬长补短，提高科学家开展成果转化的激情和成功率。

三是坚持系统布局，构筑优良生态。分子工程所立足北京大学专业优势和技术积累，统筹近中远期发展需求，初步构建了自我成果转化与服务地方企业并行的"441"发展体系，即设立功能材料、清洁能源、生物医药、先进仪器4个特色应用技术研发中心，开展相关领域产业化技术开发，持续提升核心技术攻关能力；建成药物发现联合研发平台、分子诊断技术研究平台、动力储能电池检测平台、公共研发测试平台4个平台，服务地方企业技术开发和科技创新；在北京设立1个前沿技术研究中心，服务尚处于转化前期的项目进行重复验证与优化研究，为未来发展提供前瞻性技术项目源。同时，鉴于成果转化整个流程难度大、所需资源多，分子工程所打造了13000平方米研发实验室、3000平方米公共研发测试服务平台、3000平方米公共办公孵化空间、5000平方米非化工中试生产基地，推动建设占地70余亩、建筑面积5万平方米的化工中试生产基地，逐步构建"一站式成果转化生态链"，系统提升成果转化能力。

四是坚持守正创新，开拓发展新局。分子工程所始终以"探索新时代科技成果转化新模式、打通科技成果转化通道、服务国家战略新兴产业发展"为初心使命，坚持把"服务国家战略、瞄准新兴产业、解决'卡脖子'难题"作为科技创新着眼点，推动构建"科技创新引领产业发展、产业发展促进原始创新"的良性循环。重点围绕功能材料、清洁能源、生物医药和高端仪器等领域，努力提升核心研发能力，开展应用技术研发和成果转化，探索新时代产学研合作以及成果转化新模态，构建成果转化和服务地方产业转型升级协同发展新路径，努力建设国际知名、具有市场生命力的原创技术和原创产品发源地，打造创新型产学研合作及科技成果转化基地。

案例五：打造先进功能纤维产业区域创新高地

——先进功能纤维与应用技术研究所
创新实践与启示

先进功能纤维是工业生产、国防军工、通信、航空航天、医疗器械等领域的关键核心材料，在制造强国建设中具有重要作用。先进功能纤维与应用技术研究所（以下简称"功能纤维所"）是立足地方产业需求，依托国家重点实验室科研能力，充分发挥新型研发机构体制机制优势的典范。自 2021 年 11 月在江苏省南通成立以来，围绕南通及周边纤维产业提质需求，布局纤维材料研发、技术、制造、应用全产业链研究，服务国家重大战略需求，聚焦先进功能纤维技术研发，深入开展抗菌聚酯纤维、植物染 / 聚乳酸纤维、聚合物电子纤维等关键技术攻关，推动短纤维材料抗菌、导热、阻燃等性能大幅提升，成功实现先进功能纤维迭代更新，为提高我国在纤维材料及相关领域的国际知名度，带动长三角地区相关产业发展作出了贡献。

　　——有效突破一批共性关键技术。成功突破高效抗菌功能杂化材料制备技术，获授权发明专利 3 件、实用新型专利 5 件、申请专利合作条约（以下简称"PCT"）专利 1 件。攻克行业领先的植物染 / 聚乳酸纤维关键技术并实现全流程绿色化、产品化和标准化，已申请发明专利 3 件、PCT 专利 1 件。参与制定《皮革抗菌性能的测定 第 1 部分：膜接触法》等国际 / 国家标准 4 项，制定发布行业标准 1 项、团体标准 2 项。纳米复合生物活性多功能纤维产业化关键技术开发与应用项目获中国纺织工业联合会科学技术奖"科技进步一等奖"。

——有效引领一批核心技术变革。成功实施"功能性纳米复合纤维的开发与产业化""再生复合功能纤维材料众筹科研"等项目。功能性纳米复合纤维项目开发了具备抗菌、导热、阻燃性能的短纤维材料，技术合同交易额达 300 万元，相关成果被央视等国家级媒体报道。再生复合功能纤维材料成功实现集抗紫外线、瞬间凉感、吸湿速干及抗菌等多种功能于一体，有力解决了纺织行业共性"卡脖子"难题，先后被《新华日报》《南通日报》及南通广播电视台等多家媒体报道。

——有效打造一批行业顶尖人才。硕博人员占比达到 45.7%，其中获得省部级人才项目 3 项、南通市级人才项目 2 项。聚焦"研究生职业化先导培养"，联合东华大学、南通大学、西交利物浦大学、常州大学等高校联合培养"集萃研究生"，已有联合培养硕博校外导师 6 人、联培学生 26 人，人才梯队建设成效初显。积极承办国务院学位委员会第八届材料科学与工程学科评议组 2023 年度工作会议、第十九届长三角科技论坛纺织分论坛、首届长三角先进纤维材料及高端纺织材料论坛等重大活动，人才招引和交流合作平台日益完善。

功能纤维所在汇聚区域创新资源，开展高端纤维技术联合研发攻关方面作出重要贡献。其主要做法主要表现在以下几方面。

一是依托协同创新整合优质资源。2022 年 4 月以来，功能纤维所与如皋市长江镇人民政府共建中试生产基地，同时联动建设紫琅科技城基础研发中心。目前中试生产基地和基础研发中心均已完成设备验收。其中，中试生产基地已具备对 PET、PA、PLA、PP、PE 等多品类热塑性聚合物的改性造粒、融纺开发能力以及各种热塑性聚合物的原料性能和纤维性能检测能力。紫琅科技城基础研发中心建成包括微生物洁净室、恒温恒湿室、分析仪器室等实验室，并拥有 162 台（套）

设备。通过"研发＋生产"联动建设模式，发挥平台"研发＋企业服务"功能，实现技术实力、研发生产、培训服务等创新优质资源高效整合。

二是依托模式创新打通转化通道。功能纤维所充分把握技术实力、积极沟通行业企业，通过提供技术解决方案、技术股权合作等创新研发模式，有效拓宽"技术—产品—商品—产业化"通道。与行业龙头企业合作，通过"揭榜挂帅"平台与国内差别化聚酯短纤维"领头羊"企业——上海德福伦新材料科技有限公司深度对接，突破高性能有机／无机杂化纤维应用关键技术，加快创新成果产业化落地。以"技术股权"模式与扬州富威尔复合材料有限公司共同成立项目公司，推进标的项目产业化工作。与苏州谷原生物科技有限公司签署项目投资协议，通过知识产权直接作价入股，实现技术投资。

三是依托开放创新汇聚强大合力。积极推动联创中心建设，已与10余家国创中心联创企业开展项目合作共建，部分合作已取得阶段性进展。其中，与捷锋帽业（泗阳）有限公司合作开展的高性能特种用途"智"帽关键技术研发、与江苏称意智能科技有限公司合作开展的具有温度响应性能变色衬衣开发以及与江苏三联新材料股份有限公司合作开展的功能纤维验证开发均已进入实施阶段，项目推进平稳有序。此外，功能纤维所注重与企业建立开放式合作交流机制，与中航航空高科技股份有限公司开展党建结对共建，深化交流互动，并以碳纤维复合材料开发项目为契机，携手推动人才队伍建设，强化科研资源整合与业务协同，更好推动科技创新。

四是依托人才创新强化智力支撑。成立教育培训中心，搭建人才交流合作平台，推动全国先进纤维材料与应用技术领域顶尖人才团队集聚；培养高层次创新人才，激发人员创新活力。同时，教育培训中心已承办多项大中型论坛会议活动，在此基础上为全国全产业链龙头企业、中小创新企业等提供人才研修培训服务；其中"集萃智造CTO高级研修班"已举办2期，恒科新材料研发与工艺技术人员培训项目常态化推进。产业链资源高效整合，功能纤维所自主"纤"引力持续增强。

案例六：打造后摩尔时代集成
电路创新发展"金钥匙"

——江苏省产业技术研究院半导体封装
技术研究所创新实践与启示

集成电路产业是信息技术产业的核心，是支撑经济社会发展和保障国家安全的战略性、基础性和先导性产业。美国推出《芯片与科学法案》，并与日、荷等国实施"芯片围堵"，对我国集成电路产业发展带来严重冲击。江苏省产业技术研究院半导体封装技术研究所（华进半导体封装先导技术研发中心有限公司，以下简称"半导体所"）由产研院、中国科学院微电子研究所、无锡新区管委会共同组建，致力于建设在国际半导体封测领域中具有重要影响力的创新中心，成为中国先进封装的领航者、高端技术的服务者、知识产权的输出者，持续支撑中国封测产业的创新发展。自 2015 年 10 月加盟产研院以来，半导体所积极构建以企业为主体的"政产学研融用"六位一体协同创新机制，在加强协同创新产业体系建设、深入实施创新驱动发展战略、走"科技创新 + 产学研深度融合"道路、促进创新链与产业链深度融合等方面不断探索进步，集中力量研发"2.5D TSV 硅转接板制造及系统集成技术"，成功实现国产化替代，现已成为全国领先、国际一流的半导体封装先导技术研发中心、国产设备验证应用重要基地，为我国集成电路产业自主创新发展作出积极贡献。

——实现关键核心技术国产化突破，成为国内先进封装技术领航者。国内第一个成功研发"2.5D TSV 硅转接板制造及系统集成技术"，指标国内领先并且达到国际先进水平。同时，半导体所联合中科院微电子所和华大九天软件有限公司发布的一项针对 2.5D 转接板工艺的 APDK（Advanced Packaging Design Kit），标志着国内先进封装领域的新突破，成为连接 IC 设计和封装厂商的桥梁。

——承担完成多项重大科研项目，成为国家和省市科技奖项获得者。半导体所先后承担 2013 年、2014 年、2018 年国家科技重大专项战略任务，完成 12 英寸（兼容 8 英寸）TSV 生产加工平台、12 英寸（兼容 8 英寸）微组装平台、封装基板平台、设计仿真平台、可靠性与失效分析平台等专项平台建设任务。2020 年，半导体所承担了工业和信息化部"国家集成电路特色工艺及封装测试创新中心"项目及"面向集成电路、芯片产业的公共服务平台建设"项目。截至 2022 年底，半导体所累计获国家、省市各级科技奖 14 项，其中，作为第二完成单位开发的"高密度高可靠电子封装关键技术及成套工艺"荣获国家科学技术进步奖一等奖。

——建成全国领先、国际一流的半导体封装先导技术研发中心，成为产业创新生态体系建设者。2020 年，半导体所获批"国家集成电路特色工艺及封装测试创新中心"，是江苏首个新一代信息技术领域国家级创新中心，也是工信部在集成电路领域批复的第三个国家创新中心。2021 年，半导体所搭建的"集成电路封装测试服务平台"入围"国家级服务型制造示范平台"，实现了无锡市零的突破。同时，半导体所获批国家发展和改革委员会和教育部"创新微电子学院·集成电路封测实习基地""国家级博士后科研工作站"等，成为全国集成电路领域重要的人才实训基地和"双创"培育基地。

——建成全国最早、规模最大的国产设备、材料验证基地，成为产业自主化发展服务者。半导体所基于国产关键装备已实现 TSV 成套技术、2.5D 转接板成套技术、晶圆级扇出封装等先进封装技术开发。与国产设备厂商合作，完成了第一代激光拆键合工艺及设备验证、优化和激光拆键合材料整体解决方案。与国内 10 余家设备厂商建立"先进封装国产装备评估与改进联合体"，联合海内外 25 家企业成立"大板扇出型封装技术开发联合体"，成为国内最大的封装设备、材料测试验证基地之一。

——实现技术效益和经济效益"双提升"，成为科技成果转化高效推动者。半导体所分别于 2016 年、2019 年通过知识产权管理体系首次、再次认证，符合 GB/T 29490—2013 国家标准。截至 2023 年 8 月，半导体所累计申请专利 1191 件，其中发明专利 1048 件，国际发明专利 54 件；累计授权专利 625 件，其中发明专利 492 件，国际授权专利 13 件；荣获"中国专利银奖""江苏省专利项目优秀奖""无锡市专利优秀奖"，获批建设"江苏省高价值专利培育示范中心"。累计实现 50 余项知识产权成果的转化，直接经济效益超 2 亿元，衍生孵化科技企业 15 家。为超 600 家企业提供 4800 余项科研与技术服务（其中江苏企业超 1/3），累计合同金额超 7.6 亿元。

综合分析半导体所 8 年创新实践取得的显著成效，主要做法体现在以下几个方面。

一是以"政产学研融用"为一体打造高品质创新生态。自 2015 年加盟产研院以来，半导体所为破解系统封装设计、2.5D/3D 集成、大尺寸 FCBGA 封装、SiP 封装等关键核心技术，联合高等学校、科研机构以及材料、装备、封测、设计与器件应用等产业链上下游企业，吸纳政府、企业和社会资本，形成以企业为主体的"产学研融用"相结合的创新联合体。目前，半导体所已汇集行业顶层科研力量资源，形成了从芯片设计、晶圆生产到封装设计、电热仿真、加工、量产测试、可靠性测试、基板加工等全产业链的半导体创新生态，提高了集成电路产业链的韧性和安全性。

二是以"科技创新＋产业服务"为抓手推进创新成果高效转化。坚持以市场需求为导向，瞄准产业技术发展方向，兼顾国家重大战略项目，通过产学研合作持续推动科技创新。采取企业自主研发、客户合作开发/委托开发等方式，面向客户提供技术开发服务、技术出资孵化、知识产权技术转让以及技术培训等多个业务模块。为促进技术成果高效转化、做实做深产业服务，完善科技成果知识产权转移转化机制，加入集成电路专利联盟，推动"入池"专利的商业化使用，助推封装产业化进程，间接带动产业市场销售额超30亿元。在服务产业创新发展的同时获得稳定收入，综合效益持续提升，步入自我造血的良性发展轨道。

三是以高端人才团队建设为重点提供创新有力支撑。为凝聚全球范围内高端创新人才，建立"双聘"人才引进机制，按需设岗，吸纳高校、科研院所、共建单位的科研人员来所工作。与中国科学技术大学、东南大学等高校院所建立学生联合培养机制，2021年至今已累计培养硕博研究生14人。同时，以"国家级博士后科研工作站"平台为抓手，集聚有国际视野和前沿学术水平的博士后人才参与到科研共创中，目前已吸纳3名博士。组建高端智库，聘请行业内院士、专家组成战略委员会和学术委员会。战略委员会负责研究重大战略问题，拟定长远规划、重大项目方案或提出战略性建议。学术委员会提出研发方向、技术路线、团队组建等重大事项的建议，审议半导体所研究方向、重大学术活动、年度工作计划和总结等。这些具有国际视野的人才和高端智库，为提升半导体所技术创新能力、攻克前沿先导技术、追赶国际先进水平提供了智力支撑。

四是以党建引领为根本保证，汇聚创新创业巨大活力。深入学习贯彻党的二十大精神和习近平新时代中国特色社会主义思想，不忘初心、牢记使命，理解"创新是引领发展的第一动力"，强化班子和队伍建设，狠抓政治建设。以"三会一课"推进标准化、规范化建设为依托，切实筑牢思想信念，常抓思想建设。以"党员先锋岗"活动、疫情防控先锋行动为抓手，充分发挥党员先进性，严抓作风建设。以"党建+"党员责任区特色系列活动为平台，发挥战斗堡垒作用，细抓组织建设。树立党员道德模范，稳抓纪律建设，提升了组织力，强化了学习型党组织建设，营造了"强规范、争示范、赶先进、创佳绩"的浓厚氛围，在各项业务工作和服务创新中发挥政治核心作用，为促进集成电路封测产业做强做大贡献了力量。

案例七：着力打造产业创新开放合作示范标杆

——极限精测与系统控制研究所创新实践与启示

实现科技自立自强，除了加强自主创新，同时需要广泛开展国际合作，整合外部资源进行开放创新。苏科思（Sioux）成立于 1996 年 5 月，全球总部位于荷兰埃因霍温智慧港，致力于高精密复杂仪器设备的核心技术研发。2019 年 2 月，苏科思集团携手江苏省产业技术研究院、苏州高铁新城管委会在苏州市相城区成立了极限精测与系统控制研究所（江苏集萃苏科思科技有限公司，以下简称"极限精测所"）。自成立以来，极限精测所充分依托荷兰苏科思集团和产研院的技术条件和自身优势，将荷兰独特的高科技研发模式引入中国，聚焦高精度智能装备产业前沿引领技术和关键共性技术研发，在半导体、智慧医疗、精密制造等领域突破了一批"卡脖子"技术，填补了国内纳米量级高端运动平台产品的市场空白，补齐了半导体前道检测设备和高端分析仪器产品研发精密运动技术的短板，建成江苏省跨国公司总部和功能性机构、江苏外国专家工作室等平台，为用户提供技术开发、技术咨询、检测技术、成果转移转化等服务，成为产业创新开放合作的示范标杆。

——关键核心技术突破富有成效。在半导体精密运动控制领域，汉斯先生带领团队于 2022 年 4 月研发国内首台单轴精度达 ±30nm 的超精密气浮运动平台，并交付于苏州本地龙头企业，实现了省内重大成果转化。首创基于模型开发的 SAXCS（智能灵活的控制解决方案）高性能实时控制系统，大大降低项目风险和开发成本，缩短产品上市周期；独创 sMA-RT 高性能多通道实时控制系统，在实现优越的静动态性能的同时，具有快速响应和低速脉冲的优势。对标德国 Aerotech 公司 ABL9000 两轴空气轴承直驱线性工作台，定位精度为 ±100nm，无论是设备的性能指标还是控制系统的指标，都已超越其标准产品，实现国产完全替代，为实现我国纳米级运动产品自主产业化、破除欧美半导体设备垄断制约起到关键作用。

——产学研用协同创新提速增效。极限精测所形成以市场需求为导向、成果转化为目标、科技创新为驱动、产业服务为龙头、市场化运营为核心的运行机制，推动半导体高端装备新型显示、医疗器械、智能检测等创新发展和国产化进程，解决关键装备的"卡脖子"技术问题。目前已为上海精测半导体技术有限公司、江苏金海创科技有限公司等国内多家龙头企业提供技术升级服务，有力促进了这些企业的技术和产业升级。成立以来，累计已实现了约 1.6 亿元的营业收入，其中 80% 以上为技术性收入，帮助中小型科技企业短时间内攻克技术难题并赢得了客户的一致认可，表现出卓越的技术实力和市场竞争力。

——创新载体建设进展较快。极限精测所充分依托荷兰苏科思集团和产研院的技术条件和自身优势，将荷兰独特的高科技研发模式引入中国，建设了江苏省跨国公司总部和功能性机构、江苏外国专家工作室等平台，承担了国家外国专家项目、国家外国专家重点支撑计划、江苏"外专百人计划"等高端外国专家项目。2021 年 3 月，汉斯先生牵头组建的创新载体"中荷（苏州）科技创新港项目"被江苏省发展改革委列入重大创新载体项目，旨在借鉴荷兰智慧港经验，引进荷兰的高校院所资源和业界一流研发代工科技企业落户苏州，提升区域产业水平，打造以研发为主，生产制造、洁净室、测量共享的载体。规划总占地面积约 51333 平方米，建筑面积超 17 万平方米，9 万平方米以上研发办公楼及 3.8 万平方米生产区域，集生产、研发于一体的综合开发性楼宇，项目已于 2021 年 6 月开工，预计 2024 年投入使用。

——高端人才团队支撑效果明显。极限精测所通过引进海外高层次创新创业人才，培养了一批以软件、机电一体化、电子系统、应用数学、精密机械、应用物理及物联网为技术方向的精英人才。已引进高层次全职人才 150 余人，其中博士 14 人，硕士 76 人，海外人才及留学归国人才 40 多人。拥有研发人员 126 人，占比超过 70%。

极限精测所在高精度智能装备产业创新方面成绩斐然，其主要做法表现在以下几个方面。

一是坚持"双轮驱动"探索研发服务新模式。极限精测所是由产研院引进的荷兰高科技企业家汉斯先生，于 2019 年 2 月领携荷兰苏科思集团联合产研院、苏州高铁新城三方共同组建的，面向智能机电、科技系统、先进软件及数学应用工具开发等领域的新型研发机构。研究所由国资单位持股、外国高科技企业控股的中外合资研发中心，由荷兰苏科思集团负责全面独立运营。建所以来，产研院已对研究所拨付运营经费及绩效经费数千万元，支持集萃研究员 / 博士培养，帮助研究所申报省级以上人才 / 科技计划项目，获批国家外专项目 2 项，省外专百人项目 1 项，省政策引导类计划 2 项；帮助研究所对接 20 多家龙头企业开展技术交流合作，已成功为 5 家联创中心企业提供科技研发服务。极限精测所在产研院支持下快速适应国内发展环境，围绕"中国制造"开展"中国设计"，为企业提供定制化的研发服务和解决方案，并为其培养高科技人才、缩短研发到市场化进程、提高制造业国际化水平和创新能力，助力江苏品牌质量建设。基于国家对半导体、新型显示、医疗器械、智能检测等产业创新发展和国产化的推广，极限精测所建设和发展运营坚持"双轮驱动"的原则，通过引入荷兰苏科思集团成熟的创新生态体系，同时结合中国创新和市场体制机制特点，一方面通过原创性和颠覆性的技术研发，提高国产高端精密智能装备的核心竞争力；另一方面通过"研发代工"直接对接市场需求，提供私人定制化服务，助力科技公司新技术核心产品市场化，确保市场牵引特色和可持续发展能力。

二是引入欧洲人才培育体系打造高端人才团队。自成立以来，极限精测所发挥人才吸盘效应，全方位引进一批海内外高精尖缺人才，高质量培育一批科技人才和团队，吸引了一大批海内外优秀的研究开发人员和拥有国际先进技术知识的人才，积极发展、培训及培养海外和中国本土人才。引入了荷兰人才培训体系、人才发展通道，开展知识分享、跨国项目合作、领导力加速计划、带教导师计划等体系培训，改革完善体制机制，引进并培养了一支高端人才密集、结构素质优良、竞争优势凸显的科技创新人才队伍，为全面提升创新策源能力和高质量发展提供了动力源泉和硬核力量。

三是开展对外交流合作突破"卡脖子"技术难题。极限精测所充分依托荷兰苏科思集团和产研院的技术条件和自身优势，以荷兰和江苏为立足点，以高精度智能装备产业前沿引领技术和关键共性技术研发与应用为核心，联合海内外高校院所合作平台，加大重大关键技术源头供给，在半导体、智慧医疗、精密制造等领域突破了一批"卡脖子"技术。汉斯先生将荷兰先进设备精密控制技术引入中国，以开发具有自主知识产权的精密控制技术、实现重点领域关键核心技术自主可控为目标，解决半导体、生物医药、人工智能等领域的技术瓶颈问题，摆脱国外厂商垄断。研究所参与企业联创中心苏大维格联合共建的新型显示技术创新联合体获评"江苏省和苏州市创新联合体"；参与由博思得主导的高频陡脉冲胶质瘤治疗系统项目获批中华人民共和国工业和信息化部人工智能"揭榜挂帅"项目。

　　四是坚持开放合作打造国际化创新发展策源地。极限精测所积极推动苏州与荷兰的沟通交流，多次组织荷兰大使馆、埃因霍温理工大学等来苏州参观交流，参加荷兰北布拉邦省创新日活动等，同时也在荷兰的政企交流活动中宣传苏州及其投资环境，使得荷兰企业家对苏州有了更进一步的了解。汉斯先生为中国和荷兰两国在工业领域的交流与合作作出了重要贡献，荣获 2022 年中国政府友谊奖。2019 年 6 月 24日，郭元强副省长率领江苏省友好代表团及相城区代表团访问苏科思荷兰总部，并在荷兰北布拉邦省成功举办了江苏—荷兰经贸合作交流会。相城区政府、苏科思集团与荷兰智慧港发展署共同签署《中荷（苏州）科技创新园战略合作意向书》，依托荷兰智慧港发展署、产业联盟及江苏省、市、区及各部门的支持，促进中荷双方产业协同创新发展。2021年 3 月，极限精测所推动江苏省和荷兰北布拉邦省双方创新合作，三方共建了江苏省重大载体"中荷（苏州）科技创新港项目"，为高端智能装备合作创造新机遇，也将吸引更多人才、项目来中国落地生根、开花结果。

案例八：服务医药创新研发"金标准"的领跑者

——江苏产研院比较医学研究所创新实践与启示

实验动物模型被誉为现代医学发展的基石，其作为人类的"替身"，是临床试验前候选药物药效的"金标准"，是现代医学发展的"四大基础引擎"之一，也是长期制约我国创新药物研发的瓶颈之一。江苏产研院比较医学研究所（以下简称"比较医学所"）是由核心专家团队、江苏省产业技术研究院、江北新区于 2017 年 12 月共同发起组建。自成立以来，专注于模型定制、定制繁育、功能药效分析等一站式服务，在基因功能认知、疾病机理解析、药物靶点发现、药效筛选验证等基础研究，和新药开发领域的实验动物小鼠模型方面实现重大突破，致力于打造全球领先的基因工程改造小鼠模型创制中心，已成功研发 2 万多个拥有自主知识产权的小鼠品系，成为国内乃至全球该领域的行业龙头，在服务和支持生物医药国产替代和弯道超车方面发挥了重要作用。比较医学所作为国家级"专精特新"小巨人企业和省级工程技术研究中心，仅用 4 年即成功上市。为了对全国生物医药研发所需的实验动物资源形成支撑，比较医学所在江苏常州、四川成都、广东佛山、北京以及美国波士顿等地建立了分（子）公司，服务近千家客户，囊括国内双一流高校、科研院所、国内著名三甲医院、国内外知名药企，在国内外产生积极影响。

——建成全球最大的小鼠品系库。主导完成了国内首例 CKO 小鼠模型以及全球首例 Cas9 介导犬项目，牵头创建了国家遗传工程小鼠资源库。围绕肿瘤、代谢、免疫、发育及蛋白修饰等热门领域，年模型创制能力超过6000个，累计开发拥有自主知识产权的小鼠品系突破21000例，是全球核心的基因工程改造中心和小鼠疾病模型资源中心，已超过 Jackson Lab、EMMA 等国际知名小鼠品系资源库，成为全球最大的基因工程小鼠资源库，成功构建了核心技术与资源禀赋双重壁垒。累计承担国家及省级重大科技项目10项，获得专利授权94项，其中发明专利35项。核心研发团队先后荣获国家科技进步奖二等奖、江苏省科技进步奖三等奖等。

——成为全球领先的动物模型供应商。通过持续技术改进与流程优化，实现基因工程小鼠模型特别是基因敲除小鼠模型的快速低成本制作。推动抗体药物筛选相关模型价格从最初的单品系海外标价10万元下降至1000元左右。主动将科研使用相关模型的国内价格由单品系3.6万元降至2万元左右，让国内企业和高校都能买得起、用得上。2020年新冠疫情暴发后，比较医学所第一时间研发创制出用于新冠研究及药物测试模型，有力支持和保障了疫苗和药物的自主研发。

——形成全球链接的服务网络。在江苏常州和苏州、四川成都、广东佛山、北京大兴、上海宝山等地设立子公司或分支机构，已先后与1000余家高校、科研院所、三甲医院、药企龙头等达成合作。设立并运营美国子公司及欧洲办事处，并通过专利许可等形式联合国外动物模型公司推进海外布局与市场开拓；已与全球知名的模式动物服务商查士利华（Charles River）以及葛兰素史克（GSK）等知名跨国药企建立了战略合作关系。

比较医学所迅速成为全球模式动物领域有影响力和话语权的头部企业，成绩来之不易。其主要做法如下。

一是多方共建，整合放大创新资源优势。2018年，按照产研院

"多方共建、多元投入、混合所有、团队为主"建设模式，由高翔专家团队、产研院、江北新区医药谷发展建设有限公司共同发起组建比较医学所，充分整合"政产学研"资源优势，各司其职、各展所长，加快项目落地孵化和发展壮大。依托产研院独特的"合同科研"制度，比较医学所获得了相对充裕的启动资金和丰富的项目经验，有效缓解了项目建设初期团队巨额资金投入的压力，弥补了创始团队管理经验不足等共性问题，让项目团队能够专心于创新成果加速转化和优势产品迭代开发，为项目健康发展打下坚实基础。

二是多头并进，持续推动关键技术突破。启动"斑点鼠"计划，致力于获得小鼠全部蛋白编码基因的 CKO（条件性基因敲除）/KO（全身性基因敲除）模型资源库，实现小鼠敲除模型的产品化。成立"人源化模型与药物筛选创新技术研究院"，以基因编辑、干细胞技术开展动物疾病模型创制，促进建立药物研发、临床研究的创新路径。加强原始创新，前瞻性布局真实世界小鼠模型研发，力争打通与真实世界人群的桥梁。"无菌鼠"与"悉生鼠"提前卡位共生微生物研究所需动物模型。"野化鼠"通过解决目前近交系遗传多样性不足等问题，将为药物研发的新靶点、新通路和新应用带来新工具。自主搭建全球通量最大、效率最高的基因编辑平台，自主创建国内唯一的无菌动物和菌群平台，创制全球首例双特异性抗体药物评价模型，建立一系列针对创新大分子药物、基因治疗细胞治疗药物的模型和创新的药物筛选及评价技术，成功突破新药研发中疾病动物模型"卡脖子"关键核心技术。

三是选贤任能，凝聚创新发展强劲动力。积极推动组织创新、营造创新氛围、打造多层次激励体系和成长晋升通道。延续高校实验室师生相处的模式，通过推行午餐会、读书分享会等形式，拉近管理层与基层员工之间的距离，悉心聆听来自一线的感受和建议，持续推动管理机制体制创新。设立"不拘一格"的研发创新基金 500 万元，鼓励和支持员工不局限在所从事的专业范围内，不拘一格、天马行空地进行创新研究，极大地激发人才的创新积极性。成立五年多来，比较医学所由最初 5 人团队扩张至 800 多人的规模，其中研发人员占比 15% 左右，有力支撑了公司的快速扩张与业务拓展。

四是面向全球，深化科技国际交流合作。强化对外合作，与全球 10 多个国家的 20 多家资源库建立联系，推进技术交流，探索数据共享。搭建交流平台，协同江北新区生命健康办举办"人源化国际论坛"，引进大型国际会议，与国内外同行，共同探索小鼠疾病模型科学与技术发展之路。推动开放创新，紧跟全球生命科学前沿动向，搭建全球首家多遗传背景靶点基因人源化技术平台，开发高效率、高通量的 ACCUEDIT 技术及超大片段敲入的 MEGAEDIT 基因编辑新技术。

案例九：争当脑科学信息技术创新先行军

——江苏省产业技术研究院脑空间信息技术研究所创新实践与启示

开展脑空间信息技术原始创新，是抢占脑科学信息技术制高点的关键举措，也是新型研发机构必须承担的重要使命。2016 年 10 月，华中科技大学、苏州市、苏州工业园区和产研院共同发起成立江苏省产业技术研究院脑空间信息技术研究所（以下简称"脑空间信息所"）。脑空间信息所由中国科学院院士骆清铭领衔，聚焦全脑介观神经连接图谱绘制重点方向，自主研发全球领先的显微光学切片断层成像（MOST）系列技术和全脑介观连接图谱测绘设施，建成全球最大的小鼠全脑介观神经连接图谱数据库，率先实现单细胞水平的猕猴全脑成像，"脑成像"关键核心技术走在世界前列。

——首创显微光学切片断层成像（MOST）系列技术。围绕脑科学与类脑研究领域，面向全脑介观神经连接图谱绘制技术重点领域，以独辟蹊径的解决思路、全新的成像方法——显微光学切片断层成像（MOST），实现"使单细胞分辨水平绘制脑地图成为现实"的重大技术突破；成功研制高清荧光 MOST 技术（HD–fMOST），使信噪比较传统光学方法提高 1 ~ 2 个数量级，入选"2021 中国光学十大进展"，被列为"中国脑计划中全脑介观神经连接图谱绘制的核心技术之一"。

——创建技术领先的全脑介观连接图谱测绘设施。立足自主研发世界领先的全自动化高分辨全脑成像设备，建成了全球规模最大、技术最领先的全脑介观神经连接图谱研究设施。成功绘制"小鼠前额叶单神经元投射图谱"，建立了国际上最大的小鼠全脑介观神经连接图谱数据库，推动我国在小鼠脑神经连接图谱绘制方面迈上国际前沿台阶；成功建立可实现非人灵长类图谱绘制的技术体系，在世界上率先实现单细胞水平的猕猴全脑成像，被列为"中国脑计划中'猕猴脑介观神经连接图谱绘制'的关键技术"。

——建成高水平复合型创新研究团队。牵头承担国家科技创新2030年"脑科学与类脑研究"重大项目，建成由中国科学院院士骆清铭先生领衔的高水平研究团队，已成为我国脑计划研究的核心力量。其中，国家杰出青年基金获得者5人、长江学者2人、国家高层次人才特殊支持计划获得者2人、国家优秀青年科学基金获得者2人；拥有具备光电、机械、生物、计算机等多学科交叉背景的工程技术人员、研发工程师和运营管理支撑人员103人；与华中科技大学、海南大学开展"集萃研究生"联合培养工作，目前在培"集萃研究生"28人。

——赢得国内外社会各界广泛赞誉。自主研发全脑介观神经连接图谱绘制技术被《自然》（*Nature*）专题报道，自主研制核心成像设备——荧光显微光学切片断层成像仪器应邀参加"国庆70周年大型成就展"，自主发明高清荧光成像技术HD-fMOST以专访形式被*Nature Methods*推荐上美国脑计划作为新技术代表。近五年来，重大科研成果先后被《人民日报》、新华社、中新社、中央电视台、中央人民广播电台、《中国日报》等中央新闻单位和国家级媒体报道。其中，相关研究荣获2021年度黄家驷生物医学工程奖技术发明一等奖（学科最高奖励）。

脑空间信息所取得的成绩来之不易，主要做法表现在以下几个方面。

一是聚焦国家重大战略需求，持之以恒破解创新发展科技难题。长期以来，骆清铭院士带领核心研究团队"急国家之所急、想国家之所想"，坚持聚焦国家重大战略需求和重大科技前沿，坚持不懈地深耕脑科学和类脑智能技术研究领域、重点开展全脑介观神经连接图谱绘制技术研究。2016 年 10 月 8 日，产研院联合华中科技大学、苏州市、苏州工业园区发起成立脑空间信息所，支持骆清铭院士带领核心团队"搭建关键技术平台，抢占脑科学前沿研究制高点"。2020 年 2 月，该所被江苏省机构编制委员会办公室确认为省级科研事业单位，加快推动研究所建设、科研平台搭建，夯实科研攻关、成果转化、人才培育等基础设施。2021 年，牵头承担了科技创新 2030——"脑科学与类脑研究"重大项目（即"中国脑计划"）的国家重大科研任务。

二是锚定脑科学领域制高点，全力以赴围绕研究目标搭建技术平台。作为世界各国竞相抢占的重大科技前沿，脑科学和类脑智能技术"制高点"同样离不开基础研究突破和技术方法创新。一方面，脑空间信息所以核心技术——显微光学切片断层成像（MOST）系列技术攻关与突破为主线，推动"光电、机械、生物、材料、数学、计算机"多学科协同攻关，绘制了以亚微米体素分辨率构建脑内神经元和血管等复杂结构的精细形态和连接关系的高分辨三维全脑图谱。另一方面，脑空间信息所在产研院、苏州市政府、苏州工业园区等支持下，建成了涵盖标记、成像、计算等全链条高分辨全脑图谱的绘制、具有国际影响力的高标准科研平台，包括全脑介观精准成像分平台、PB 级图像大数据处理与图谱构建分平台、神经环路标记和脑疾病研究生物学分平台等。截至目前，该平台已达到年制备、成像与分析 2000 只小鼠的能力，综合实力达到国际领先水平。

三是发挥领军人才磁极优势，兼收并蓄打造高水平复合型团队。

作为脑空间信息所首位所长和首席科学家，骆清铭先生长期从事生物医学光子学新技术新方法研究，是中国科学院院士、中国医学科学院学部委员和国内外著名的生物影像学家。脑空间信息所立足显微光学切片断层成像（MOST）系列技术的多学科协同要求，充分发挥领军人才的"磁极"吸引力优势，重点面向"光电、机械、生物、材料、数学、计算机"等多学科，加快集聚一批高层次人才、打造一支高水平复合型团队。脑空间信息所已集聚一批高层次人才队伍，成为科研攻关和技术创新的中坚力量。

四是搭建全球开放协作平台，海纳百川集聚全球科技创新资源。其一，立足全球视角深化协同创新，积极参与国际脑科学合作项目。参与美国脑计划，获得美国国立卫生研究院（NIH）2 项子课题研究资助；参与国际大科学计划筹备，获得"战略性科技创新合作"重点专项资助。其二，面向国内外高水平科研机构，搭建多层次交流合作平台。与美国 Allen 脑研究所、美国冷泉港实验室、斯坦福大学等国外科研机构开展科研合作，与清华大学、北京大学、中国科学技术大学、浙江大学、东南大学，中国科学院神经所、药物所、营养所及中国医学科学院生物医学工程所等建立长期合作关系。其三，邀请全球顶级专家考察交流，扩大研究所国内外影响力。近年来，脑空间信息所先后邀请来自 15 个国家的 200 多位专家来访苏州进行学术交流，其中，诺贝尔奖获得者 1 名、美国科学院院士 3 名、中国科学院院士和中国工程院院士 18 名，并主办和承办研讨会 20 余场。

案例十：争当基础医学成果转化排头兵

——转化医学与创新药物技术研究所创新实践与启示

转化医学是基础医学与临床医学的桥梁，对加快基础医学创新成果转化应用具有重要促进作用。转化医学与创新药物技术研究所（以下简称"转化医学所"）成立于 2014 年，由百家汇精准医疗控股集团有限公司、产研院、南京徐庄软件园合作共建。致力于推动精准医疗和转化医学新技术、新方法与创新药物研发相结合，以及成果转化应用，促进生物医药产业高端化、集约化和国际化，取得令人瞩目的显著成效，成为江苏省专精特新"小巨人"企业、"瞪羚"企业、国家高新技术企业，赢得市场广泛认可。

——技术创新硕果累累。转化医学所已申请专利 80 多件，获得授权专利 46 件，获得软件著作 27 件；在肿瘤、中枢神经系统、感染及药物基因组学等治疗领域形成了完善的精准诊断产品管线，每年为全国 2000 多家医院、超过 20 万名患者提供诊疗一体化的精准医学解决方案。目前拥有在研创新 IVD（体外诊断）产品超过 20 项，多项技术填补国内甚至国际相关领域空白。

——创新平台生机勃勃。转化医学所成功搭建并开放了转化医学 / 临床检验平台、化学创新药物研发平台、生物创新药物研发平台、临床前生物评价等四大研发和服务平台，并建有"南京市体外诊断工程技术研究中心"和"江苏省精准医疗工程技术研究中心"，为江苏省乃至全国生物医药中小企业提供产业技术支持服务。与先声药业成功重组获批"神经与肿瘤药物研发全国重点实验室"，并联合南京医科大学，共同设立了研究中心，协同打造"产学研医合作共同体"。截至目前，实验室已承担国家重点科研项目11项，开展跨国合作项目16个。

——市场开拓卓有成效。转化医学所是国内领先的精准医疗解决方案提供商，搭建形成了"精准诊断＋治疗一体化"的独特经营及服务模式，网络已覆盖全国2300多家主要医院，为超过50万例患者提供了精准医疗服务。2022年技术服务收入近5亿元，创造了较大的经济和社会效益；预计到2030年，将服务100万名医生，为1亿人次提供健康管理和医疗服务。

——股权融资健康向好。持续获得资本青睐，连续三年获得融资支持，合计融资规模超10亿元，引进省外资金超7亿元。其中，2020年，完成A轮及A+轮融资3.5555亿元；2021年，完成B轮融资5.8亿元；2022年，完成B+轮融资9000万元。目前公司已启动C轮融资，并启动首次公开募股（IPO），计划适时登陆资本市场。

转化医学所在基础医学创新成果转化和市场应用领域取得了显著成效和良好的社会影响，其主要做法有以下几个方面。

一是持续加大研发投入，深入开展协同创新。转化医学所坚持以创新驱动发展，成立至今保持了相当高的研发投入，研发费用占总收入的比例超过40%，累计研发投入近4亿元。同时，转化医学所依托"神经与肿瘤药物研发全国重点实验室"等重大平台，与国内外的领先企业和科研院所开展广泛合作，引进先进技术和优质项目，促进了技术创新和科技成果的转化，巩固提升创新实力，为转化医学所未来发展积蓄能量。目前，转化医学所持续与全球基因测序和芯片技术的领导者因美纳开展合作，深化产品技术交流以及市场联合拓展，共同推进精准医疗在中国的发展；与全球知名的医药研发合同外包服务机构（CRO）实验室服务商 Cell Carta 建立战略合作伙伴关系，合作开展新药研发和创新治疗临床研究，在全球范围内共同提供全面的 CRO 中心实验室服务。此外，转化医学所通过与上海交通大学医学院附属瑞金医院合作，推动了造血和淋巴系统肿瘤精准诊疗检测全面版（SimcereDx Heme314）全新升级；先后多次与中国药科大学天然药物活性组分与药效国家重点实验室、药物制剂及辅料研究与评价重点实验室等合作开展"抗肿瘤分子靶向药物与免疫治疗创新药关键技术的开发"；与东南大学联合开发"干细胞器官芯片的研究"，并已取得显著成效。

二是大力建设技术平台，着力强化研发支持。转化医学所拥有占地 1100 平方米、实验室面积超过 5000 平方米、总使用面积超过 6000 平方米的综合大楼，以及占地近 2000 平方米的生产场地；已建成符合国家标准的 PCR 实验室（基因扩增实验室）及一代、二代、四代基因测序实验室，并投资 2 亿元建立了行业领先的高通量测序平台，采购了 HiSep 4000、Nextseq550、MiseqDx、MiniSeq 测序仪以及 ddPCR、MassARRAY 核酸质谱分析系统、QIAGEN 核酸自动提取仪、4200 核酸片段分析仪、一代测序平台等系列高精度仪器，可有效覆盖高、中、低通量测序样本检测需求。转化医学所多次获得国家卫健委"临床基因扩增检测实验室"扩项许可，成为国内首家基于 NGS（高通量测序）、qPCR 等平台在肿瘤、感染、代谢领域一次性通过该项许可的单位。满分通过了美国病理学家协会（CAP）实验室认证；获得 6 项美国病理学家协会 PT（能力验证）项目质评满分，获得 1 项欧盟分子基因诊断质量联盟（EMQN）质评满分，获得 16 项国家卫健委临床检验中心（NCCL）室间质评满分，获得 3 项江苏省临床检验中心室间质评满分，打造了先声药业和转化医学与创新药物国家重点实验室（神经与肿瘤药物研发全国重点实验室）。

三是高度重视人才培养，不断强化引智力度。转化医学所坚持将人才作为第一生产力，持续优化人才服务，加强人才激励。先后制定了高额绩效奖金、股权激励、期权激励，并实施研发经费匹配、研发团队成员配置等措施，多维提高高层次人才福利待遇，更好吸引和稳定高层次人才。同时，坚持"以待遇吸引人，以感情感化人，以机制激励人，以文化凝聚人，以事业留住人"的人才文化，致力于团结"有激情、有梦想、有创意"的优秀人才共同奋斗、携手成长、共赢未来。截至目前，已建立380余人的跨专业研发团队，其中有3人入选科技部外国专家重点支持计划、工业和信息化部国家重点人才工程A类计划等国家级人才项目，32人获江苏省"双创"人才等省部级人才项目以及集萃研究员、集萃博士等。

案例十一：打造高水平人才学科产业联合创新载体

——产研院膜科学技术研究所创新实践与启示

高性能膜材料是国家重点支持的战略性新兴产业，有助于解决人类面临的能源、水资源、环境、传统产业改造等领域重大问题，广泛应用于环境污染治理、节能减排、民生保障、国防等领域，是实现"碳达峰、碳中和"的重要支撑技术。产研院膜科学技术研究所（以下简称"膜所"）依托南京工业大学国家特种分离膜工程技术研究中心、南京膜材料产业技术研究院有限公司及南京工大膜应用技术研究所有限公司共同建设。膜所始终坚持技术创新的市场导向，秉承"靠近科学、靠近工程"的发展理念，构建了"人才培养、科学研究、服务社会、基地建设与产业培育"五位一体的创新体系，开展原创性基础研究、开发颠覆性技术、开创重大工程应用，打造贯通"科学到技术、技术到产品"的膜产业技术创新中心，重点进行膜材料及相关行业发展中急需的产业共性技术研发，主要负责应用技术开发、集成技术开发与市场开发以及江苏膜科技产业园的运营与管理。自 2017 年成立以来，面向中国膜材料产业发展及江苏省产业结构改造升级的迫切需求，基于南京工业大学膜科学技术研究所在膜领域的良好基础，重点攻克膜产业及相关行业发展中急需的关键技术、核心技术和共性技术，研发的 PVDF（聚偏二氟乙烯）中空纤维超滤膜性能达到国际领先水平，推动膜技术在水处理、钢铁、石化、环保等领域中的应用，提升了膜材料技术在产业发展中的贡献度。

——多家企业应用创造更高效益。膜所创办了以陶瓷膜、分子筛膜、水处理膜、气体除尘膜等膜材料为主体的 10 多家高科技企业，其衍生企业 2022 年合计完成合同额 3.37 亿元，实现营业收入超过 2.87 亿元。其中久吾高科已在创业板上市（代码 300631），成为全球最大的陶瓷膜产品供应商之一，产品出口 50 多个国家与地区；江苏九天高科技股份有限公司在新三板挂牌（代码 832440），成为分子筛膜的龙头企业，我国成为继德国、日本后第三个掌握该核心技术的国家；江苏久朗高科技股份有限公司、江苏久膜高科技股份有限公司等企业成为细分行业的先锋龙头。

——多项领先技术推广应用广泛。膜所积极推进膜技术服务化工、医药、食品等行业转型升级，技术成果荣获多项国家省部级和行业协会科技奖励。其中，膜反应器技术在己内酰胺、盐水精制等 10 多个化工产品中推广应用，节能 30%，减排 40% 以上；膜集成提取技术已在石药集团有限公司、哈药集团股份有限公司等数十个药厂使用，节能减排效果显著；膜法 VOCs 回收技术已成功应用于化工、涂布、医药等企业的尾气净化，经济和社会效益显著；膜法 $PM_{2.5}$ 超低排放技术已应用在浙江恒逸集团有限公司、中国盐业集团有限公司等燃煤锅炉、生物质锅炉尾气治理中，尾气粉尘含量小于 $5mg/m^3$，显著优于国家 $20mg/m^3$ 的排放标准；攻克了制浆废水零排放这一世界性难题，建成了全球首套膜法 4 万吨 / 天制浆造纸废水零排放示范工程，得到了地方政府和社会各界的充分肯定。已推广应用膜装备 2000 多套，服务近 1000 家企业的转型升级，培训 2000 多名科技人员，科技成果转化和服务形成的经济效益超过百亿元。

——多个创新平台形成强力支撑。膜所创建了"研究所 + 专业孵化器"一体化的科技成果转化新模式，在南京形成了膜材料产业集聚地；创立了以膜技术转移为主的"南京工大膜工程设计研究院有限公司""江苏膜材料产业投资基金"，为膜产业的发展提供全方位的战略和资金技术支持，实现了创新链、平台链、资源集聚链的有效对接，建成了国家级科技企业孵化器、膜材料国家专业化众创空间以及江苏省高性能膜材料创新中心等公共平台，打造了膜领域专业化的创新创业生态体系。江苏膜科技产业园累计孵化引进企业达87家，其中国家高新技术企业27家，科技型中小企业34家，"瞪羚"企业2家；园区在孵及毕业企业合计实现营业收入超过16亿元。同时，获批"面向膜产业集群的国家科技服务业试点"、特种分离膜产业技术创新战略国家试点联盟、膜产业国家知识产权局试点联盟。

膜所在膜技术领域的创新探索，取得了显著成效，其主要做法表现在以下几个方面。

一是创新运营机制，赋能产业引领发展。作为产研院首批专业研究所，膜所按照"研发作为产业、技术作为商品"的发展理念，自2017年以来，实行"一所两制、统一管理"的创新管理模式，依托高校机制的国家工程中心，组建PI（学术团队负责人）学术团队，立足基础原创研究，持续提升创新能力，不断产出高水平原创成果；依托南京膜材料产业技术研究院和南京工大膜应用技术研究所，组建创业团队和技术转移团队，衍生高科技企业，实现服务企业创新，引领产业发展。

二是创新转化机制，推动成果加快应用。膜所把学科优势转化为产业优势，着力推进二次开发项目转移转化，瞄准关键核心技术，通过无形资产评估引进南京工业大学的原创科研成果进行"二次开发"，同时聘请项目经理，组建二次项目创业团队，以事业部的形式运行，实行独立核算，重点针对膜材料及相关行业发展中急需的共性技术问题难题进行研发。先后针对小孔径载体陶瓷纳滤膜、中空纤维分子筛膜、高温气固分离膜、高抗污染 PVDF 超滤膜、高性能有机复合纳滤膜、分离传感膜、多通道分子筛膜等多种膜材料，引进高校的原创成果进行二次开发。优先透有机物膜、PVDF 超滤膜、气固分离膜、新型有机纳滤膜的开发和应用，中空纤维分子筛膜及应用等技术成果经二次开发分别衍生孵化了久膜高科（高企、研究生工作站）、久朗高科（高科技企业、"瞪羚"企业、研究生工作站）、南京蔚华膜科技有限公司（引入 1500 万元社会资本）等。

三是创新培育机制，汇聚专业人才团队。膜所重视人才队伍建设，建立了集原创性基础研究、颠覆性技术开发、重大工程应用为一体的一体化研究开发及产业化的 300 多人队伍，组成了以院士为首席科学家、"杰青""长江"[①] 等为骨干的国家级创新团队。其独立法人机构聘请了具有丰富膜材料技术研发及产业化工作经验的专职副总及相关管理人员多名，组建了一支具有专业化科研及管理水平的团队，现有固定人员 97 人，硕士及以上 26 人，3 人获聘"江苏省产业教授"，拥有高级职称 9 人，中级职称 14 人。此外，在产研院"集萃研究生"培养模式下，对膜所已立项科研项目确定联合培养课题，实行校外校内双导师制度，通过课题研究解决技术难题，培养专业化研究人才。针对骨干科研人员，积极申报"集萃博士"计划，2 名博士获批项目立项支持。自 2020 年以来成功培养"集萃研究生"134 人次，2020 年培养 38 人，2021 年培养 29 人，2022 年培养 67 人。

---

① "杰青"指国家杰出青年科学基金项目获得者；"长江"指长江学者奖励计划，此处指"长江学者"特聘教授等。

案例十二：争当第三代半导体关键材料全球"领跑者"

——苏州汉骅半导体有限公司创新实践与启示

发展第三代半导体新材料是我国从制造大国走向制造强国的基本要求，也是我国摆脱半导体关键材料与技术"卡脖子"困境的关键举措。2017 年 10 月，产研院联合苏州工业园区和海归创新团队等，共同发起设立苏州汉骅半导体有限公司（以下简称"汉骅半导体"），其中，创新团队控股，产研院与苏州工业园区参股。该公司聚焦第三代半导体氮化镓关键外延材料国产化替代和提供自主、可控、高效的氮化镓射频材料解决方案，着力推进超高温外延生长、脉冲供源生长、碳化硅盖片石墨盘等一批原创性技术自主研发，成功实现高端氮化镓外延片材料的国产替代，为我国第三代半导体产业抢占全球发展先机创造了有利条件。

——突破国外核心技术封锁，成功搭建全国首个多维度氮化镓大型技术平台。经过六年多坚持不懈的技术攻关，成功完成超高温外延生长、脉冲供源生长、碳化硅盖片石墨盘等一批原创性技术自主研发，搭建完成国际领先水准独创超高温 MOCVD（金属有机化合物化学气相沉淀）系统为代表的整套氮化镓射频外延生长与测试平台，成为氮化镓材料细分市场领域的全球"领跑者"。

——建成全国最大、覆盖维度最全的氮化镓材料生产基地，实现氮化镓外延片材料量产。立足自有知识产权的核心技术加快建设生产基地、推动科技成果转化。2023 年建成可容纳 60 台 MOCVD 运行的配套设施、年产能约 30 万片高端氮化镓外延片产线，成为我国规模最大的、技术最先进的、具备国际领先水准的高端半导体闭环研发与生产基地之一。

——实现产业链上游关键材料国产替代，保障射频产业链供应链安全。生产的 4 英寸、6 英寸和 8 英寸碳化硅基氮化镓射频外延片独立产品性能指标超过国际领先氮化镓半导体巨头，已成为我国超过 95% 的射频器件生产企业氮化镓外延片材料的供应商，成功实现对日本、美国、英国等国际巨头氮化镓外延片材料的国产替代，保障了我国第三代半导体氮化镓射频产业链供应链安全可靠和自主可控。

深入考察汉骅半导体抢占第三代半导体前沿技术先机的创新实践，其基本做法有以下几点。

一是加入产研院体制创新体系，整合创新服务资源破解成长发展难题。在项目准备回国落地之前，汉骅半导体的创始团队由于半导体制造行业初期固投资金需求大，回报周期明显长于快消及互联网行业，项目难以取得足够的政策支持导致不能如期落地。在"山重水复疑无路"之时，产研院主动对接创始团队，并为项目落地提供科技成果转化的综合服务。一方面，借助"项目经理制"运营模式整建制引进核心团队成员，解决公司早期项目孵化培育难题；另一方面，利用"拨投结合"投资机制引入高效率、低成本财政资金，为项目早期研发攻关提供资金，化解初创阶段"融资难融资贵"问题，有效推动了项目加快落地，推动企业创新发展步入了快车道。

二是以产研院主导的"团队控股"机制，强化"股权激励"机制，释放团队创新活力。作为首个试行"拨投结合"机制的重大项目，汉骅半导体创建初期就得到产研院等股东支持，确保创始人团队和技术团队持股比例达到三分之二，最大限度地保障核心团队经营主导权和个人价值最大化。目前，核心团队合计持股规模超过 800 万股、占比超过 68%，合计持股估值超过 40 亿元（参考最新估值水平测算）。另外，即使是增资扩股、引进其他资本方，在产研院特有的"股权激励"理念支持下，仍然做到核心团队保持公司发展主导权，最大限度地激发了核心团队的自主决策和自主创新的活力。

三是借助产研院集萃人才机制，集聚全球创新资源打造顶尖人才团队。2017 年以来，汉骅半导体一直秉承"人才至上"理念，面向第三代半导体氮化镓材料方向打造一支"专业精进、经验丰富、梯队合理"，具备国际视野与产业思维的高水平技术团队。创始团队均来自世界知名半导体企业，核心成员均拥有 15 年以上的先进技术开发和半导体制造管理经验。团队借助产研院集萃"大学"合作机制，与东南大学、西交利物浦大学、中国科学院等高校和科研机构签订产学研合作协议、建立协同创新平台，持续联合开展宽禁带半导体领域技术攻关和第三代半导体专业技术人才培养，为攻克第三代半导体关键材料的产业化培养了源源不断的高端青年人才。

四是激活自主研发和协同研发"双引擎"创新动能，抢占前沿技术制高点。核心技术团队凭借雄厚的技术研发实力和敏锐的半导体行业洞察力，联合海内外知名院所，激活自主研发和协同研发"双引擎"动能，聚焦氮化镓射频材料持续进行关键技术攻关和核心技术研发。目前，围绕三维集成电路（3DIC）混合集成技术、超高温外延生长、脉冲供源生长、碳化硅盖片石墨盘等核心技术领域，累计投入超过 5 亿元，获得发明专利授权 40 余项。

案例十三：以颠覆性辊压技术助力装备强国建设

——苏州亿创特智能制造有限公司创新实践与启示

金属柔性辊压颠覆性技术是先进制造的重要标志，对推进装备强国建设具有重要引领作用。2020年，由产研院、昆山开发区管理委员会、晏培杰及其研发团队共同组建成立苏州亿创特智能制造有限公司（以下简称"亿创特"）。该公司聚焦金属柔性辊压颠覆性技术创新，拥有一批国产替代先进技术与工艺，填补了国内柔性辊压技术空白，为新能源汽车、轨道交通等装备制造关键零部件生产，提供了颠覆性降本增效解决方案，成为国内金属柔性辊压制造的创新型领军企业，为建设装备强国作出积极贡献。

——首次实现柔性辊压技术国产化替代。亿创特使用轻质金属材料代替普碳钢加工型材产品，通过增强截面的力学性能、优化焊接工艺等手段，成功实现辊压型材产品的轻量化和高强度。借助技术与工艺优化，使型材加工技术水平在新能源汽车、建筑、物流等领域位于全国第一梯队。

——全面实现柔性辊压产品定制化生产。亿创特的定制辊压成型生产线通过模块化设计，实现了不同集成化工艺的任意排布，能够根据客户对产品的不同需求，在生产线上柔性切换成型机架、冲孔以及焊接工装。通过构建整套轧辊数据库，在开发新产品时，能最大程度实现模具共享，经由产品试验优化预冲方案，满足客户多变需求，降低模具设计和制造时间，提高了生产效率。

——有效实现关键零部件生产降本增效。亿创特致力于柔性辊压型材的研发和生产服务，提供降本增效、结构优化、轻量化方面整体解决方案。产品不仅实现与铝持平的轻量化效果，同时材料强度提升 3~6 倍，成本降低 30%~50%。其自主研发的新能源汽车电池托盘结构件获得国内新能源汽车龙头企业的认可，全年合作金额超过8000 万元。

苏州亿创特的金属柔性辊压颠覆性技术创新成效明显，其主要做法表现在以下几个方面。

一是加入产研院创新体系，并借力产研院"先投后补"的投资方式，构建股权结构，建立激励机制。对初创科技型企业而言，技术核心团队控股确保了创始团队对企业方向的决策权和执行力。亿创特在公司成立之初，借助产研院"先投后补"的投资方式，成功实行核心团队成员控股，具体股权分配为：研发团队占股 90%，产研院有限公司占股 5%，昆山开发区国投控股有限公司占股 5%，目前合计持股估值约为 15 亿~18 亿元。该股权结构充分激励了企业核心团队成员的创新动力，为后续公司技术成果转化以及未来市场创投资本的进入打下坚实基础。

二是依托领军人才汇聚创新力量。在竞争尤为激烈的定制化型材行业中，技术是公司的核心，而人才则是公司的灵魂。亿创特成立之初，创始人晏培杰入选产研院创业项目经理，分批获得 3600 万元启动资金。在此期间，晏培杰利用原先在国有大型钢铁企业工作中积累的人脉，迅速组建了由北京科技大学、上海交通大学、南京工业大学等国内顶尖高校博士生组成的 7 人团队，该团队在金属柔性辊压技术研发领域拥有超过 12 年的经验，不仅掌握先进的辊压技术，还具备丰富的实战经验和研发能力，为企业快速发展提供了人才支撑。

三是依靠自主创新补齐技术短板。我国辊压型材产品及其制造技术的研发还处于起步阶段，与德国、奥地利等国家存在较大差距。亿创特技术团队自 2013 年起，对标威尔森、奥钢联等国际型材制造领军企业，深入研究金属柔性辊压研发技术，申请了相关专利 38 项，其中发明专利 10 项。经历了十多年的积累，成功实现复杂型材加工的国产化替代，拓展定制化辊压型材的应用场景，其产品获得比亚迪股份有限公司、宁德时代新能源科技股份有限公司、宇通客车等龙头企业的广泛认可，为提升产业基础能力提供了技术支撑。

四是打造拳头产品抢占市场先机。在定制化辊压型材细分市场，我国拥有巨大的市场发展潜力。面对这一蓝海市场，亿创特紧紧把握发展机遇，掌握市场需求风向、抢占市场先发优势，围绕定制化辊压型材技术打造了一系列拳头产品，以提高投资回报率。其中，公司生产的新能源汽车钢制电池包在技术规格上已经全面领先国内其他厂商，取得了颠覆式创新的技术突破。

五是初期聚焦质价比高的产品。初创型中小科技企业，要助力装备强国建设应从商业角度着眼，遵循成本收益法则，创造更多质价比高的产品，解决市场的"真需求"，才能为企业的长远发展提供持久动力。

案例十四：争当重大仪器设备国产化开拓者

——微旷科技（苏州）有限公司创新实践与启示

加快高端分析表征仪器研制生产、全面提升检验检测综合能力，是加快推进质量强国建设的战略部署，也是广大科研机构的历史使命。在产研院的支持下，依托长三角先进材料研究院，极端服役环境 X 射线显微 CT（计算机 X 线断层扫描）项目组经过 4 年技术攻关、产品研制，成功自主研制 XLAB 系列高性能显微 CT、XSTAFF 系列智能工业 CT 和适配极端服役环境多功能原位台等系列产品，填补"航空航天、水下深海等极端环境"CT 市场空白，实现高水平国产替代，并于 2023 年 1 月组建微旷科技（苏州）有限公司（以下简称"微旷科技"）。因此，微旷科技是在产研院支持下，由长三角先进材料研究院孵化的企业。显微 CT 技术创新突破，对我国提升高端分析表征仪器供应能力、助推质量强国建设具有重要价值。

——成功突破 4D 成像技术。根据"分析材料在真实制造与服役下的内部结构"CT 扫描需求，重点围绕还原复杂极端服役工况下"4D（三维 + 多场景环境）成像技术"实现了技术突破。开创性采用非接触式激光加热模式，实现最高 2000℃瞬态加热和精准控温及热场均匀稳定。采用蜗轮蜗杆传动模式，实现小样品变形精准可控及加载速率范围和最大载荷指标领先。基于高温和变形模块，开发"近服役工况 +3D（三维）"成像装置。

——填补极端环境 CT 市场空白。自主研发的 XLAB 高性能显微

CT，最高空间分辨率已达 0.5 微米，与进口一线设备持平，且提升设备扫描效率，约为同类进口设备的 6 倍，成功实现对进口分析表征仪器的高水平国产替代。推出全球首台极端服役环境原位 X 射线 CT，有效整合了实验室和真实服役环境之间的环境差别，填补了适用于"航空航天、水下深海等极端环境"CT 扫描市场需求的空白。

——成为特殊场景检测服务供应商。截至目前，已面向全国市场提供原位三维成像设备生产和极端环境检验检测服务。在成立至今尚不足一年的时间里，形成测试服务营业收入超过 100 万元、设备销售额超过 2000 万元。同时，以技术为纽带、产品为平台，依托长三角先进材料研究院与大连理工大学、西北工业大学、浙江大学等高校建立合作，开创了高端表征仪器全链路自主研发生产新模式。

微旷科技聚焦工业 CT 国产化替代，成功突破 4D 成像技术，成绩来之不易，其主要做法表现在以下几个方面。

一是加入产研院创新体系，以"团队控股"和"拨投结合"机制解决激励和初始资金难题，推进研发公司化运作。微旷科技核心技术团队在产研院的支持下，充分利用体制机制创新解决"极端服役环境 X 射线显微 CT"项目启动阶段外部投入不足和内部动能乏力的问题。一方面，在"拨投结合"创新机制支持模式下，不但获得外部风险资金的支持，缓解项目启动阶段"融资难融资贵"压力，还得到投资方社会资源的加持，提升项目团队社会影响力和号召力。另一方面，得益于"团队持股 + 研究所孵化"体制创新，公司保持核心团队对研发投入和经营管理"主导权"，并将团队利益与公司发展"绑定"，激发团队创新动能。

二是借助产研院平台优势，减少前期固定投入，降低运营成本。融资困境、投入不足和成本压力是初创型项目团队直接面临的"三座大山"。微旷科技在产研院的支持下，充分利用产研院技术平台和公共资源，减少前期固定成本投入、保障项目"轻装上阵"。

三是充分调研市场，瞄准市场需求，加快成果转化应用。微旷科技自成立以来就转换思维，紧跟市场挖掘需求、加速推进技术成果产业化。在顶层设计方面，组织团队开展前期调研，对市场作了较为深入的研究分析，结合实际制定"扬长避短"的市场策略。在市场分析方面，专程拜访行业协会、重点企业、潜在伙伴等，充分了解重点领域或典型客户对 CT 产品的功能需求、性能要求和定价诉求等信息，继而反向带动技术团队完善研发方向、优化产品设计。在渠道拓展方面，统筹人力、物力投入和客户需求特性，制定"重线下后线上"市场推广策略，在参与重点行业大型展会、学术会议和高端论坛等活动的同时，利用多种社交媒体平台进行线上推广宣传，以大量视频实例展现公司技术特色和应用场景。

四是契合实际需要，打造复合型高端团队。"人才是不断取得技术进步的保障"。微旷科技从初创筹建到孵化培育，一直高度重视人才队伍建设、加快打造复合型高端团队。在项目初创和公司筹建阶段，借助产研院平台体系，以首席科学家和公司创始人范国华教授为核心，集聚一批来自哈尔滨工业大学、南京工业大学、中国科学院等著名高等院校及科研机构的专业技术人才，组成核心技术研发团队。在进入孵化培育阶段之后，结合技术开发人才配置需要和产业化市场化运作诉求，重点引入系统工程师、算法工程师、机械工程师、应用工程师等技术人才，加快配置工商管理、市场营销、财务会计等管理队伍，迅速建立起结构完整、配置合理、功能完善的人才梯队。

五是塑造企业文化，激发全员创新动力。企业文化既是彰显企业核心价值的灵魂，也是推动企业持续发展的内生动力。早在成立之初，微旷科技就高度重视企业文化建设，确立"正直诚信、包容开放、不畏挑战、规格严格"的十六字企业文化。在经营管理中，坚持将企业文化落实到全体员工的日常工作和重大决策中，强调"公司不仅是一支能征善战的科研团队，还是一个秉持着共同信念的专业社群"，引导每位成员将个人价值与公司健康发展"绑定"。主动根据每位成员专业方向、技术专长和岗位特征制定职业发展规划，为每位成员提供广泛的技术培训、岗位晋升和职业发展机会，力争让每一位员工争当"主人翁"，充分调动员工积极性和激发员工内生创新力。

案例十五：勇当第三代半导体关键设备国产化"破局者"

——芯三代半导体科技（苏州）股份有限公司创新实践与启示

发展第三代半导体是我国制造强国建设的战略选择，也是推进集成电路产业"换道超车"的关键举措。实现第三代半导体外延片制造设备国产化替代、突破集成电路产业"卡脖子"技术，是科研机构必须扛起的历史使命。2020 年 9 月，产研院联合苏州工业园区和施建新创新团队等，共同发起设立芯三代半导体科技（苏州）股份有限公司（以下简称"芯三代"）。该公司聚焦第三代半导体关键技术研发和碳化硅外延片生产设备技术创新，有效突破国外核心技术封锁，填补了我国碳化硅外延设备自主研发生产制造的空白，成为第三代半导体外延片制造高端量产设备国产化的"破局者"，为我国第三代半导体跨越式发展作出了重要贡献。

——自主研发国际领先的关键核心技术。芯三代经过三年多艰苦卓绝的技术攻关，完成自主研发垂直气流模式和 6 英寸、8 英寸外延兼容设计，各项技术指标均达到国内领先、国际先进水平，成功突破长期以来国际巨头核心技术封锁，实现第三代半导体外延关键核心技术自主可控。

——首次实现国产碳化硅外延高端制造设备量产。芯三代在产研院和苏州工业园区等外部力量支持下，依托自主研发设计技术路线，形成碳化硅外延片生产设备独立研发能力。2023 年，建成 200 台碳化硅外延片设备生产线，首次实现 6 英寸、8 英寸国产化碳化硅外延高端制造设备量产。

——成功突破产业链上游设备"卡脖子"封锁。芯三代碳化硅外延片生产设备产线具有完全自主知识产权，填补了国产垂直气流式碳化硅外延设备的"空白"，打破日本、德国、意大利对外延设备市场的垄断，成功地突破了第三代半导体产业链上游关键设备"卡脖子"环节的封锁。

芯三代取得显著成效，主要做法体现在以下几个方面。

一是加入产研院创新体系，以平台为依托实现嫁接赋能。碳化硅外延片生产设备制造覆盖"基础研究—应用研究—样机验证—产业化投产—生产线量产"等一系列环节，使得芯三代面临早期极高的技术研发风险、初期较大的资金周转压力、中期较高的市场经营风险。芯三代在培育孵化阶段借助"拨投结合"方式引入高效率、低成本财政资金，解决早期技术研发资金问题。加入产研院"三位一体"服务体系，利用"研发＋孵化＋投资"融合机制缓解资金周转压力降低市场经营风险，增添创新动能。

二是借助产研院"股权激励"激活内生创新动能。"让事业激励人才、让人才成就事业"，是公司秉承"不忘初心、以人为本"理念的生动体现。作为外部引进培训的重大项目，芯三代在利用产研院"拨投结合"方式进行培育孵化的同时，鼓励联合创始人和核心团队成员持有三分之一的股份，确保每一位成员都与公司发展"休戚与共、息息相关"。在增资扩股阶段借助"股权激励"规则保持核心团队持股规模和比例稳定，成功化解科技项目早期"融资难融资贵"难题，确保技术团队享有更多技术研发升值成果。芯三代把"全员持股理念"落到实处，将公司成长与核心团队每一位成员绑到一起，形成"公司依靠员工发展壮大、员工借力公司价值最大"的正反馈激励机制。目前，核心团队合计持股规模 3504.90 万股、占比 58.40%，合计持股估值达到 12 亿元（参考最新估值水平测算）。即便是增资扩股、引进新的资本方，在产研院特有的"股权激励"理念支持下，仍然力争做到核心团队成员持股比例基本不变，真正实现"核心团队拥有足够的话语权""个人价值与公司价值共同成长"，极大地激发了内生创新活力。

三是以领军人才为磁极打造创新团队。在竞争最为激烈的行业之一芯片设备制造业，技术是公司的核心、人才是公司的灵魂。作为芯三代的创始人和技术团队核心，施建新先生曾是中微公司联合创始人和中晟光电创始人，是超高温碳化硅 CVD 和 MOCVD 设备制造领域的资深专家，拥有 30 多年泛半导体及上下游产业链的丰富经验。在创建伊始，就秉承"人才为魂、团队至上"的理念，加快推进以领军人才为核心的高水平技术研发团队建设。目前，专职研发人员超过 50 人、占比超过 50%，是保持行业领先的核心支撑和技术保障。其中，核心成员均来自国际国内一流泛半导体设备厂商和研发机构，掌握先进的前沿技术、具备很强的研发能力、拥有丰富的实战经验。

四是以研发投入为支撑抢占技术制高点。技术研发始终是高技术公司争夺行业制高点、增强核心竞争力的关键抓手。芯三代坚定"技术立身、研发为本"的经营理念，聚焦碳化硅外延片生产制造世界先进技术前沿，加大研发投入、提升研发投入占比，集中核心研发力量开展技术攻关、形成一系列领先性前沿性优秀成果，累计研发投入超过 5800 万元，年均占同期营业收入超过 50%，远超过同类上市公司平均水平。目前，围绕碳化硅外延垂直气流模式技术和 6 英寸、8 英寸外延兼容设计、超高温碳化硅 CVD 和 MOCVD 设备制造技术等核心技术领域，累计获得授权知识产权 48 项，其中发明专利授权 12 项。

五是以客户需求为导向强健产品创新生命线。半导体行业技术快速迭代、市场瞬息万变，以客户需求为导向的产品创新是企业生存发展的"生命线"。芯三代抢抓国内下游市场需求爆发关键时机，针对国外设备交付周期长、现场服务到位难、更新迭代速度慢等痛点，聚焦温场控制、流场控制、自动生长程序控制、可靠性和可维修性等强化技术工艺和生产设备结合，开展关键技术研发攻关、核心部件国产化和客户需求实时响应等，不断提升碳化硅外延片制造设备的技术水平和服务能力。目前，下游客户量产生产线上运行设备各项技术指标已经达到国内领先、国际先进水平，在综合性能指标、性价比、交付能力上全面超越国外公司设备，有效降低了国产碳化硅外延制造等核心设备相对短缺的"卡脖子"难题。

案例十六：增创高性能硅基液晶芯片领先优势

——剑芯光电（苏州）有限公司创新实践与启示

硅基液晶（LCOS），是 LC 液晶与 CMOS（互补金属氧化物半导体）集成电路有机结合的反射型光电调制技术，具备高光效、高亮度、高分辨率、高性价比等优势，广泛应用于光通信、激光加工、激光投影等新型显示领域。美国 TI（德州仪器）公司、日本 Sony（索尼）公司处于绝对优势并长期垄断全球市场，对我国 LCOS 芯片制造形成"卡脖子"难题。2022 年 1 月，英国剑桥团队应邀与产研院在苏州工业园区合作成立剑芯光电（苏州）有限公司（以下简称"剑芯光电"），集聚国际顶尖人才，瞄准全球前沿技术，着力开展高性能 LCOS 芯片核心技术攻关，仅用 1 年时间就顺利实现高性能 LCOS 芯片国产替代，产品关键性能指标跻身国际同行前列，应用场景爆发式发展，为我国增创 LCOS 光电芯片技术国际领先优势作出重要贡献。

——填补 LCOS 空间光调制器国产化空白。自主研发的可定制化封装工艺硅基液晶 LCOS 芯片达到国际一流水平。其光学动态性能提升技术实现实时调控，数字驱动波形调制技术光斑功率稳定性显著提高，全自动全息算法优化系统光利用率大幅提升，形成国产化标准产品解决方案，填补了 LCOS 空间光调制器国产化空白，成功打破国际垄断，实现行业技术领跑。已申请专利 5 件，其中发明专利 4 件。

——引领国内光电芯片调制产业技术升级。剑芯光电研发和生产的 LCOS 光学产品，多项性能指标明显优于国际同类产品，赢得市场广泛青睐，在光通信、激光加工、汽车平视显示器（HUD）等技术领域已经拥有较多合作者。仅与下游设备厂商就已签订价值1000万元的战略投资合同。预计随着项目成果的全面转化应用，将会实现20亿～40亿元工业产值，大幅提高国产核心光电元器件的国际市场占比，为国内LCOS光电调制细分产业发展创造有利条件。

剑芯光电在推进高性能LCOS芯片国产替代方面作出了重要贡献，赢得了国际领先优势。其主要做法主要表现在以下几方面。

一是加入产研院创新体系，发挥"拨投结合"优势推动创新项目快速孵化。"拨投结合"是产研院的重要机制创新，旨在引导和助力新型研发机构加快推动技术创新。剑芯光电的高性能LCOS芯片项目能够落地苏州工业园区，"拨投结合"这一创新机制发挥了极为重要的助推器作用。这一机制帮助成立剑芯光电，实现多方利益共享、风险共担。并且，积极发挥财政支持资金"四两拨千斤"的激励作用，实行核心技术团队共同持股，充分激发创新团队的积极性和创造性，有效整合各类创新资源，利用技术和资源平台优势，仅1年时间就实现高性能LCOS芯片的国产化突破。

二是发挥顶级团队优势增强技术创新强大动力。剑芯光电核心创始团队来自英国，由剑桥大学李昆博士任董事长领衔开展技术研发和产品创新。核心团队成员来自英国剑桥大学以及世界500强企业，为公司带来世界领先的技术视野和创新思维。研发团队集聚国际一流人才10多人，博士硕士占比超过60%。同时，开放合作吸引国际精英加盟研发团队，深入推动核心技术融合创新，合力攻坚，为在较短时间突破高性能LCOS芯片核心技术提供了高素质的人才支撑。剑芯光电研发的具有自主知识产权的LCOS芯片不仅促进国内光电产业链完善，更有助于国内LCOS显示技术接轨国际标准，在全球市场上赢得更大竞争力。实践证明，推动光电调制技术领先发展，必须构建具有国际视野和创新思维的高水平人才队伍，推动技术产品接轨国际，形成全球市场竞争力和影响力。

三是发挥技术领先优势，提升创新产品市场竞争力。技术创新源于市场需求、服务市场需求，更要得到市场认可。剑芯光电紧贴客户市场需求，集中力量开展高性能 LCOS 空间光调制技术研发，全力以赴推动高性能 LCOS 芯片与光束编程技术协同创新，不断推进技术迭代，不仅实现 LCOS 技术领先，而且在产品性能上超越国际同行，有效解决我国行业发展"卡脖子"技术难题，赢得国内外客户大量订单，成为高性能硅基液晶 LCOS 芯片市场脱颖而出的企业新锐。

四是增创光电调制技术领先优势，必须着力推动软硬件协同创新。电子信息发展的趋势是硬件软件化、软件硬件化，软硬件更紧密结合。剑芯光电在光学封测制程工艺和全息算法上协同创新布局，持续开展研发和技术升级，最终实现 LCOS 产品的技术和性能双双领先，实现了从光学元器件厂商到光学系统解决方案服务商的华丽转身。实践证明，技术创新离不开硬件支撑，软件和算法创新同样至关重要。推动引领光电调制技术领先发展，必须推动软硬件协同攻关、同步创新，实现技术和性能"双优"，方能赢得市场竞争力和话语权。

案例十七：积极探索肿瘤治疗新药创制新路径

——医诺康（南京）生物医药有限公司创新实践与启示

恶性肿瘤治疗是世界性医学难题。研发抗肿瘤新药，探索肿瘤治疗新路径，是破解世界性难题、解决患者病痛的迫切需要。作为国际化运营的典型案例，医诺康（南京）生物医药有限公司（以下简称"医诺康"）2021年在南京注册成立，股权设计采用海外离岸架构（VIE架构），注册地总部位于开曼群岛，江苏产研院向医诺康境外关联方InVivo Therapeutics Holdings（以下简称"开曼公司"）投资占股。通过产研院的海内外平台，企业快速跨区域在海内外建立稳定的研发体系。同时，产研院以"拨投结合"方式为其提供了研发经费，支持其初期研发。自成立以来，医诺康集中力量攻克了靶向蛋白水解嵌合体技术（以下简称"靶向蛋白降解技术"），构建了"双功能蛋白降解衔接子"和泛素—蛋白酶系统，开辟了恶性肿瘤治疗药物研发新路径，在肿瘤治疗领域展现出广阔的市场前景，对推进我国新药创制作出突出贡献。

——关键技术问题取得突破性进展。靶向蛋白降解技术作为新药研发领域的热门技术，其研究进展对于肿瘤蛋白的靶向降解具有重大意义。医诺康项目团队通过构建"双功能蛋白降解衔接子"和泛素—蛋白酶系统，成功解决了靶向蛋白降解技术在成药性方面的挑战性问题，提高了药物的生物利用度。这一突破不仅增强了药物的临床应用潜力，也为满足国内未被满足的临床需求提供了新的解决方案，表明医诺康在解决靶向肿瘤治疗中的关键技术问题方面取得了突破性进展。

——临床疗效赢得国际广泛性认可。医诺康的靶向蛋白降解技术在临床试验方面同样取得瞩目成果。与世界知名的 MD 安德森癌症中心开展的合作进入临床 II 期阶段，显示了该技术在实际临床应用中的有效性和潜力。此外，项目团队还成功建立了包含分子胶和靶向蛋白降解在内的四大管线，全部用于癌症治疗。这些进展不仅展示了项目在技术研发上持续推进，也彰显了其在癌症治疗领域的应用价值。

——国家化平台赋能形成战略性布局。医诺康的平台战略布局表现出明确的国际视野和深度。在基础研发平台方面，通过不断申请国际技术专利，充分保护了企业技术研发成果。在创新团队平台方面，依托中美两国共同设立的研发中心，建立顶尖的 TPD（靶向蛋白降解）药物发现团队。在投融资平台方面，通过完成近亿元的 pre-A 轮融资（A 轮投资的第一期投资），进一步增强了资金实力，为未来的研发和应用打下坚实基础。这些成就不仅提升了公司的全球竞争力，也为国际合作和技术交流创造了新机遇。

医诺康在靶向蛋白水解嵌合体技术上取得的重要突破，开辟了恶性肿瘤治疗药物研发新路径，产生积极的社会影响。其主要做法体现在以下几个方面。

一是以国家化布局着力打造有国际竞争力的创新企业。医诺康通过引进前新基制药（Celgene）首席高级科学家 Xie Weilin 博士，快速建立了研发团队，为新药创制奠定了坚实基础。同时，在资本运作和企业架构上采取国际视角，以海外离岸架构为基础，建立了开曼群岛的总部。此外，医诺康还在中国长三角和美国东海岸设立双研发中心，为项目深入开展提供双重保障，在国际化方面迈出坚实步伐。医诺康的资本运作和企业架构的国际化设计，优化了资源配置，有效提升了全球竞争力。

二是着力突破有国际影响力的创新技术。技术的创新是医诺康项目成功的核心。医诺康专注于"双功能蛋白降解衔接子"的开发，以及两个靶向蛋白降解技术平台的扩展和应用，促进了多项肿瘤和肿瘤免疫药物管线的研发。这种创新驱动的研发策略，不仅满足了当前国内未被满足的临床需求，也为整个生物医药产业的升级提供了新动力。在国家大力推动创新型国家建设的背景下，医诺康在技术创新上的系列成果，不仅加速了科技成果的转化过程，更为国家生物医药产业的升级和全球竞争力的提升作出了示范。

三是在产研院平台支持下着力建设有国际聚合力的创新平台。医诺康通过产研院的牵线搭桥，与长三角区域内多家创投机构建立紧密合作，成功实现了境外权益出资，展示了医诺康在吸引国际资本方面的强大聚合力。这不仅加强了医诺康的资金稳定性，也为创新药物研发提供了有力支持。通过吸引和利用国内外的资本投入，医诺康确保了研发工作的连续性和项目的稳步推进。这种持续的投入不仅加快了项目的研发速度，降低了研发风险，也为企业持续创新提供了坚实保障。

四是着力构建有国际吸引力的创新生态。在技术研发方面，医诺康以其中国长三角和美国东海岸的双研发中心为核心，积极推进技术研发和创新成果的国际化交流与合作。在项目落地方面，通过与中国（上海）自由贸易试验区、江苏苏州、浙江杭州等地的合作，医诺康成功实现了项目的跨领域合作和创新成果商业化。上述举措不仅促使医诺康构建了具有国际吸引力的创新生态，也为我国生物医药企业提供了跨国界跨领域合作的成功范例。

案例十八：争做人体器官芯片技术创新领航者

——江苏艾玮得生物科技有限公司创新实践与启示

"人体器官芯片"被评为世界十大新兴技术之一，通过构建具有生物功能性迷你人体器官，模拟人体器官部分功能，可应用于精准医疗的疾病模型、药物研发、环境评估等领域。顾忠泽教授团队在加入产研院创新体系后，依托产研院的创新机制，2021年11月，与产研院、苏州医疗器械产业发展有限公司，以研发团队控股，产研院、苏州医疗器械产业发展有限公司参股的原则，各自出资三方联合成立江苏艾玮得生物科技有限公司（以下简称"艾玮得"），确立了企业的激励机制。在公司缺乏启动资金的情况下，产研院拨付财政资金，按照"拨投结合"的方式，支持企业研发，为企业起步研发提供了十分关键的支持。该公司着力推进自主研发和创新成果转化，拥有了细胞外支架材料、芯片设计加工、类器官自动化培养、多模态成像及人工智能数据分析等一系列核心关键技术，有近百件专利，是国内首个覆盖器官芯片全产业链公司，已成为国际器官芯片市场的重要角逐者。

——荣获全国颠覆性技术创新大赛最高奖。艾玮得研发制作的太空血管组织芯片在中国空间站完成了国内首例太空器官芯片在长期微重力条件下的培养实验，也是国际上首例人工血管组织芯片研究；与恒瑞医药共同完成国内器官芯片药效评估，成为首个使用心脏器官芯片数据并且新药还获批进入临床试验；皮肤芯片技术标准获得国家标准化管理委员会立项，成为中国首个器官芯片模型标准。2022年，艾玮得"人体器官芯片"项目获科技部首届全国颠覆性技术创新大赛优胜奖。此外，艾玮得还荣获"中国专利优秀奖""第九届侨界贡献奖一等奖""江苏省信息消费大赛二等奖"等奖项。

——形成人体器官芯片全产业链产品体系。艾玮得通过产学研转化与自主研发，已布局专利近百件，其中发明专利申请占比50%，已攻克类器官生成和培养、功能性细胞外支架材料、组织微器官三维成像和精准测量等多项核心技术壁垒。艾玮得成功开发肺、心脏、血管、皮肤、肿瘤等十余种组织和器官的器官芯片及配套的培养和检测试剂盒、自动化培养和高内涵检测分析仪器、AI（人工智能）软件系统、生物材料等产品。目前，艾玮得已构建覆盖人体器官芯片全链条的产品体系，并成功实现器官芯片的批量化生产。

——赢得国内外用户市场的广泛认同。艾玮得自主研发的心脏器官芯片药物安全性模型创下体外连续跳动150天的纪录，可用于药物的心脏毒性、有效性、心衰模型研究等；人源器官芯片模型、肿瘤类器官芯片模型、肿瘤细胞治疗模型等产品已在恒瑞医药股份有限公司、北京协和医院、美国哥伦比亚大学、江苏省人民医院等国内外知名药企、医院和科研机构销售应用，获得广大用户肯定。此外，艾玮得成立初始即受到上海复星医药集团、红杉资本、高瓴资本管理有限公司等资本关注，并在半年内完成由复星医药领投的近亿元 pre-A 轮融资，截至目前已完成同方资本领投的 pre-A+ 轮融资，融资总金额超1亿元。

艾玮得在人体器官芯片领域技术不断创新，取得重要突破，成为行业有影响力的领航者。其主要做法体现在以下几方面。

一是紧贴市场需求强化颠覆性技术创新。艾玮得充分调研目前市场上用于疾病预测以及药物筛选的主流技术，包括 2D（二维）细胞模型、PDX 小鼠模型和基因测序等。与之相比，人体器官芯片技术能更好地模拟细胞的体内生长环境，具有更好的仿生性，临床差异小、预测准确性更高，有利于实现精准用药。艾玮得始终保持器官芯片技术的创新性与前沿性，持续研发创新，同时与恒瑞、美国哥伦比亚大学、江苏省人民医院等知名药企、医院和研究机构深度合作，积极收集市场反馈信息，提高产品的适用性。

二是依靠高端人才抢占产品创新制高点。艾玮得依托东南大学技术团队孵化而成，拥有生物芯片领域顶尖创新人才，首席科学家顾忠泽教授是美国医学与生物工程院会士、东南大学教授，副总经理陈早早是美国北卡罗来纳大学细胞生物学博士、东南大学至善青年学者、副研究员。同时，艾玮得拥有经验丰富的产业化团队，总经理沙利烽博士具有近 20 年医疗器械、体外诊断试剂以及药品行业从业经验，主持多款医疗器械的研发和产业化。尖端研发人才和专业的产业化团队为艾玮得产品创新和市场化提供了重要保障。

三是坚持战略思维推动全产业链布局。艾玮得开发的器官芯片模型包括心脏、肺、肝脏、肾脏、大脑、胃肠道等多种复杂器官模型，可应用于航天研究、精准医疗、药物研发、医美等领域，适用场景和应用领域远超竞争对手。同时，艾玮得自主研发生命科学设备室，专攻器官芯片及关联行业的测读分析技术，帮助研究人员深入分析实验结果，发现微小的生物学变化，从而更好地理解疾病机制和药物反应。